對付職場神經病的社畜生存指南

序言

一旦開始厭惡對方就無解了

近來在上班族之間，最熱門的關鍵字非「離職」和「辭職」莫屬。有問卷調查結果顯示，七成的上班族都認為：只要一有機會，就會立刻離職。也有統計數字指出，將近三分之一的新員工到職不滿一年就會離開那間公司，甚至有人笑稱：「就是為了離職才到職的」。

對於絕大部分的人來說，離職的主因是不滿意自己的年薪和公司福利[註1]。這也是人之常情，畢竟大家都是為了維持生計才上班賺錢的。不過，如果只把這兩項條件當成重要標準來考量，那年薪和福利都十分優渥的大企業離職率應該很低才對。但大家都知道，就算是年薪多、福利好、穩定性高的大企業、銀行，甚至是公家機關，還是有很多人剛到職不滿一年就選擇走人。這表示除了客觀的外在條件之外，還有其他因素造成員工離職。

觀察這幾年來的各項調查結果就會發現：最大的問題癥結點在於「人」。無論你再怎麼準時上下班，每天最少都得在公司和主管、同事相處超過八小時，這比我們平常陪伴家人的時間還要長得多。而且家人之間至少還有血緣關係，伴侶也是雙方穩定交往一陣子後才決定結婚共組家庭而一起生活的，就連有深厚感情基礎的人之間都可能彼此產生矛盾、甚至嚴重到分手說再見了，更何況面對公司主管和同事呢？在公司裡的每個人，除了想好好工作之外，其他根本沒有任何共通點。一群沒有關係的人被迫聚在一起，還要花大半天的時間面對面相處，出現衝突或矛盾在所難免。

換句話說，即使整個環境裡都只有正常人，也避免不了摩擦。就算我和對方剛好都是超級善良的大好人，彼此之間還是或多或少會出現不合。無論我們的個性是好是壞，人與人之間一定會有大大小小的矛盾，頻繁程度可以稱得上是社會生活的必需品了。只是我們通常不會因為一點矛盾，就做出辭職或離職之類的重大決定。

還必須等這份矛盾超越了「我跟對方不合」、達到「我再也無法忍受對方」的程度，才會影響我們的職涯。也就是說，萬一我們因為某人而想離職，那表示我們開始厭惡對方了。不單純只是稍微不合、或覺得對方不怎麼樣而已，而是對他厭煩到光是看見他這個人也會氣到內傷，甚至一碰面就壓不下心裡的火，忍不住開始暴怒。

這種時候，我們如果試著把這些煩惱跟朋友分享，就會發現每個人在意的點、容易不合或摩擦的類型都不一樣，十分有趣。例如：一位同事個性活潑開朗但太直率，有人就會說他講話白目，讓人討厭；相反地，也有人覺得他充滿活力、有什麼就說什麼的個性很直爽，令人欣賞。隨著對象和各自立場的不同，多少都會影響我們的偏好。

不過，當我們提到那些打從心底厭惡、讓人難以忍受的同事或主管時，通常絕大多數的人都會對他罵聲不斷。像是有主管只會不斷強迫員工服從自己的想法、或是抓著一些雞毛蒜皮的小事在公眾場合找碴，完全不替別人著想、只顧自己的利益……這種主管不論是誰遇到都會被氣到吐血。

總之，稍微惹人討厭、容易跟人不合的人，可能只有我們會覺得跟他相處起來很吃力或不舒服；但真正會引發大問題的人，不單是對我們帶來不便，對於整間公司絕大部分的人而言都會造成困擾、引起反感。

本書要談的就是這些人。

我們明明是付出了許多努力、好不容易才進了這間理想的公司，本來還覺得忍一忍、咬牙撐過去就沒事了，沒想到有天竟然會因為某個人而讓我們腦中浮現「再也不想來上班」的念頭。這些寄生在我們身邊的「職場神經病」，就是全公司的共同敵人。

書中的第一部分會先介紹個性上帶有嚴重缺陷的「神經病主管」類型。除了揭露他們的行為模式、剖析是什麼原因造成他們個性上的扭曲之外，也會針對不同狀況提出建議對策，讓大家不用離開公司，就能好好對付他們。

第二部分則會探討那些不是主管卻一樣讓人頭痛的「神經病同事」類型。千萬別以為他們不當主管就不會造成影響，假如我們周遭碰巧出現了這種人，長時間跟他們一起共事就會知道，這些問題同事能帶給我們的折磨絕對超乎想像！所以，面對這些人時也務必要研擬出適當的戰略才行。

當我們在職場上跟人發生衝突時，通常第一時間都會先懷疑是不是自己情緒太敏感、或是攻擊性太強。當然要是公司裡大部分的同事都覺得對方沒什麼問題，只有我們自己跟他相處起來覺得百般糾結，就比較有可能是因為我們過於敏感。

不過我們一定要知道，有些人真的可以讓所有跟他接觸的人都感到煎熬。萬一這些職場神經病當上了我們的主管或同事，我們又很難不管三七二十一地隨便離職，如此一來，公司生活就會變成一場惡夢。

如果你也正因為「人」的問題，在職場上遇到進退兩難的危機，真心希望這本教戰手冊能為你解套。

目錄

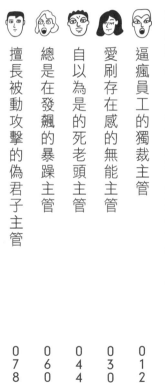

2 讓你每分每秒都想離職，身旁暗藏的神經病同事類型

1

令人無言到白眼翻不完，公司常見的神經病主管類型

神經病主管是種讓人持續隱隱作痛的存在

我們在看電影時，通常一看到反派們出場就可以立刻認出他們，這些壞蛋給人的第一印象就充滿了邪惡氣息。臉上有道疤、表情凶狠是標準配備，做出來的行為更是殘忍又十惡不赦。無論是誰，只要看到角色設定，就能不費吹灰之力知道他是反派。

不過，現實中的職場反派可就沒那麼好認了。如果沒有親自跟他們共事過，只會單純認為他是隔壁部門的主管、ＸＸ團隊的領導者而已，甚至還會覺得他們看起來比自己的主管好得多。

其實以公司的立場來說，一般都不希望也不太會錄取人格嚴重失常的人進公司。當然每個人會有個性上的差異，但至少會要求面試進來的員工要具備基本的社交能力、情商和人際關係的處理能力。尤其是在任用主管的時候，更是需要評估他們是否擁有上述的綜合能力。也可以說，他們在某種程度上是向公司證明了擁有社交處理能力，才能擔任主管職。

那麼，為什麼公司裡還是有那麼多稱得上是「神經病」的主管呢？

主管是我們每天在辦公室都會接觸到的「普通人」，如果他們心懷惡意，即使微不足道，只要他們持續釋放負能量，日積月累下來造成的影響仍舊是相當可觀，甚至會成為公司巨大的絆腳石。

日常中假如我們遇到隨機暴力事件或電話詐騙，可以向警察局報案；在公司裡萬一發現有人作奸犯科或職場霸凌，也可以透過申訴、舉發，讓加害者受到法律的制裁。不過，如果只是在辦公室影印到一半，不小心被Ａ４紙割傷了手指，難道可以去舉發誰嗎？沒有人會為了這種事報案的。

即使傷口隱隱作痛，我們也不能因為自己覺得不舒服就把辦公室裡的所有Ａ４紙都丟光光。今天就算沒了Ａ４紙，明天也可能會被其他鋒利的文具劃傷。

本章要談的，正是像手被紙劃傷一樣，令人隱隱作痛、心裡不舒服，卻又不知道該拿他怎麼辦的存在——神經病主管。當公司主管不只是持續散發惡意、有許多錯誤習慣，還加上神經大條的話，這些條件結合在一起，就會引發大規模的人際災害。

為了安然無事地在公司裡生存，我們一起來試著了解職場裡會出現哪些神經病主管吧！

逼瘋員工的獨裁主管

特徵

☑ 只要不是我們的直屬主管，看起來都是帥哥美女
☑ 專制獨裁者的化身

☑ 徹底的自以為是
☑ 為了目的不擇手段
☑ 虛構出代罪羔羊

在職場遇到的神經病故事

行銷部門的金組長在面試時第一次見到李部長。李部長散發出一種非常聰明又能幹的感覺，雖然給人的第一印象有點冷淡，不過他對自己的工作領域相當有自信。根據公司可靠的消息來源指出，李部長手中握有實權，還是公司內定的下一任經營者。剛進新公司就能遇到一個有能力的主管，金組長認為自己很好運，也期待能在公司有一番作為。但是過不了多久，金組長就發現了李部長不為人知的一面。

有次，兩人共同負責在社群軟體上開設某項活動的系統服務頁面，李部長因為跟負責宣傳活動的代理公司有嚴重的摩擦，導致系統服務開始營運後，訪問人次和顧客的留言回覆都非常不理想。他們一起向擔任事務部長的吳董事報告業務狀況時，李部長卻誇下海口，聲稱系統上的訪問人次正大幅成長，只需要再兩週就可以達到初期訂定的目標人數。

看到李部長這副大言不慚的樣子，金組長和底下的行銷部同事都覺得無言。結果李部長在報告結束後，立刻向金組長和整個行銷部下達了讓人萬分傻眼的指令：他要求大家從當天傍晚開始，務必在兩週內動員所有認識的親朋好友，點入網頁衝人次、按讚並留下一定字數的留言，達到目標了才能下班。而且這件事絕對不能被吳董事發現，所以相關工作都必須留到晚上和週末加班的時候進行；出於同樣的原因，當然也不可以動用到公司任何一毛的行銷預算。

雖然金組長認為整件事十分荒謬，但全部門的人對這項指令都沒有提出任何疑問或反對意見，因為大家都知道李部長不好惹，連反抗的念頭都不敢有。

李部長不只做了如此無理的要求，還淡淡說了一句：「反正大家之前都太閒了，現在開始也該認真工作啦！」他嘴巴上說得輕鬆，其實每個人被分配到的業務量過大，光靠親朋好友幫忙根本不夠，大家只能多申請幾個假帳號來增加點擊量。即使如此離目標依舊很遙遠，所以同事們只好默默拿出自己的錢倒貼，集資請專門的公司幫忙按讚、衝人數，才能勉強達標。

除此之外，李部長也經常對底下的人施壓。像是社群軟體上的貼文更新只要遲了一點，就會被叫進會議室訓話一整天。李部長冰冷的聲音、故意釋放出來的施壓，讓每個走出會議室的員工都表情凝重，看起來只要戳一下就會立刻飆淚的樣子。

有個職員在李部長底下認真工作超過三年，某天他因為小孩生病，跟李部長說自己必須準時下班，結果李部長居然嘴角掛著嘲諷的冷笑回他：「我看你是明天就想被踢去別的部門上班吧？要把你轉到哪裡好呢？」聽到這番話，那個職員只好默不吭聲、匆匆忙忙完成當天該達標的按讚數和留言，下班時都已經過了晚上八點。

兩個禮拜後，好不容易完成了部門的初期目標。結果，辛苦負責企劃的同事被下放到不被重視的分公司擔任一般管理職；相反地，李部長得到了吳董事的大力稱讚，還特別提報公司慰勞他推動這項專案的辛勞。

我們在職場上會碰到某些主管，第一印象就讓我們覺得他十分「聰明能幹」、「沉著冷靜」、「充滿領導魅力」。當然，通常這些人的工作能力出色、想法明確，也有能力帶領團隊交出完美的績效。此外，他們一般還擁有整齊俐落、一絲不苟的外表，與其說他們的氣勢是用名牌堆砌出來的，不如說他們身上總是散發著幹練、精明的自信，無時無刻都在管理自己的整體形象。雖然不太清楚跟這樣的人相處起來會如何，不過要是在他底下工作，就會強烈感受到：「他領導的團隊絕對可以交出一張漂亮的成績單。」

不過再多觀察一段時間，我們就會想換些用詞來形容他，他的「能幹」其實代表著「自私」，他的「冷靜」也是出於「冷酷」。這類型的主管會為了達到目的不擇手段，對事情更是超越了執著、達到偏執的程度。只要他認為有必要，對於說謊或利用人等手段不會有任何的心理負擔。在公司裡一旦發現潛在的競爭對手，他就會毫不猶豫地直接發動攻勢。

從這些人格特質再進一步延伸，就能推測出和他們共事的工作型態。無論是長期跟在他身邊的得力助手、或忠心耿耿的部屬，只要對他的指令表現出一點否定的跡象，他就會不顧情面地果斷反擊，縱使對別人造成傷害也不會感到一絲愧疚。

他會為了達到目標而殘忍地把員工逼走，絕對不容許有人提出跟他不同的意見。當他身處領導地位時，就算底下員工被壓榨到身心俱疲，或因為長時間的不安和恐懼受盡折磨，他依然可以完全不受影響地持續推動他的政策。這類型的主管我們稱為「獨裁型主管」，可以說是職場神經病裡的頭號人物。

首先，一起來看看獨裁型主管的特徵吧！

1 距離一百公尺來看，都是帥哥美女

從一百公尺外的距離觀察這些獨裁型主管，他們看起來往往都是帥哥、美女。換句話說，只要不當他的下屬跟他一起工作，就會覺得他是一個充滿魅力的人，既有智慧又有清晰的判斷力。如果以前的主管讓我們鬱悶到想吐血，後來一遇到能力出色的主管，心裡就會湧現一股舒暢的快感。這類型的上司不但有領導魅力，必要時也能果敢承擔風險，不會逃避問題。

而且無論年紀多大，他們都懂得掌控自己的風格與穿搭，光看身材和外表也能知道他們相當擅於自我管理。這些獨裁型主管在公司裡會那麼常見，最根本的原因就是因為他們頭腦好、顏值又高，對他們來說要通過面試、調薪升遷並不是件難事。

2 專制獨裁者的化身

和外表賞心悅目的人一起工作固然開心，不過時間一久我們也會慢慢覺得煩悶。一開始，獨裁型主管會明確地劃分彼此在工作和責任範圍上的界線，表示這部分由我們負責，那部分由他負責。職責歸屬清楚是很好，但過了一段時間，他就會不斷地想干涉我們的工作領域。這種干涉又跟那些只會嘴砲不會做事的主管不太一樣。

能力差的主管會分不清楚什麼時候可以插手，只會講一些顛三倒四的屁話，不過獨裁型主管在徹底界定好每個人的工作領域之後，只要有人稍微想脫離自己的位置，獨裁型主管就會嚴格管控。

例如，和隔壁部門的合作專案本來是由獨裁型主管負責，如果我們因為主管忙不過來而好意幫他代為處理，這時主管就會默默地把我們叫過去，滿臉冷笑地說：「不是告訴過你，這件事由我負責嗎？」要是主管對於越權的事情生氣、表現出不滿，我們還可以向他解釋或予以反駁，可是當下我們只能從他身上感受到被貶低的嘲諷和冷漠，像是在對我們說：「你算什麼東西！」通常出現這種情形時，我們就會開始覺得「這個人有點奇怪」。

3 徹底的自我中心主義

如同上一點所說，接收到「你算什麼東西」這種感覺很重要。公司裡一些盡忠職守、做事很有原則的主管，也經常會嚴格檢視並管理底下的職員，當有人越權時也會追究責任。不過從他身上我們不會感受到「被輕視」的情緒，只會覺得他的管理很軍事化，有點累人而已。

然而，從獨裁型主管表現出來的態度，可以讓人強烈感受到他對底下員工的輕蔑。甚至可以說他並沒有把員工當成人，而是當成畜生對待。即使是面對長久一起共事的員工，他也可以不帶任何感情地把對方當作一項工具，一言一行之間都帶著自己更高人一等的優越感。

雖然能力強又有魅力的人，某種程度上都會有些自以為是，但獨裁型主管這方面的問題特別嚴重。就算表面上他對上位者非常忠誠，仔細觀察卻可以發現他們總是磨刀霍霍，準備發動攻擊。無論這個上位者是好是壞都不重要，獨裁型主管只要看到有人地位高於自己就會感到憤怒。

獨裁型主管們對上位者顯露出來的真實心情寫照，絕對不僅止於單純「煩躁」或「不滿」而已，而是可以察覺到他深深的「憤怒」，這種情緒經常會讓旁人感到畏懼。

4 為了目的不擇手段

獨裁型主管擅於說謊，他可以掩蓋赤裸裸的真相、故意略過重要的內容、嚴重扭曲事實，眼睛眨也不眨地顛倒是非黑白。當然，他的這些行為需要長時間仔細觀察才能發現。

另外，獨裁型主管會為了達到目的而不擇手段。假設他是整個部門的領導人，那麼他想達成業績的企圖就可以用「執拗」來形容。從另一個角度來說，雖然這對全部門的員工也有好處，畢竟最終業績達標時，每個人都能拿到更多的分紅和獎金，只不過，要撐過追趕目標的過程可能會要了所有人的老命。當然，最大的獲益者還是非獨裁型主管莫屬就是了。

總而言之，獨裁型主管心目中最重要的就是「達到目的」，不管是要說謊騙人、踢走員工，還是要跟公司裡的其他組織明爭暗鬥都無所謂。只要有需要，就算公司不容許、社會不容許的事，他也都做得出來。假如他今天有求於我們，我們要他磕頭他就能磕頭、要他去死他就會作勢死給我們看。不過要小心，權力一旦回到他身上，他也會毫不留情地進行報復。

5 虛構出代罪羔羊

有人可能會覺得這句描述稍微誇張了點，不過，獨裁型主管在遇到決定性的重大關卡時，的確會虛構出一個代罪羔羊。他們看起來做事果斷，為了推動計畫、達成目標，不在乎使用哪種手段和方法，即使失敗了也願意負責。但請注意！這只是「看起來」。

實際上碰到難關時，他們更傾向於把責任歸咎到別人身上。明明是他自己說，這件事由他來做，也是他負責計畫並下指令的，可是一旦出現了不好的結果，這件事的責任瞬間就會落到另一個人頭上。

獨裁型主管沒有責任感的態度與行為，跟我們一般所說的推卸責任又不太一樣，應該說他們會強烈散發出「不要拿這世界的標準套在我身上」的感覺。在他們說話和做事上，可以看出他們漠視責任、規則和紀律的態度，而且無論發生什麼情況，他都絕對有辦法讓自己脫身。

我的某位前任主管就是一個典型的例子。當時我們部門的績效持續下滑、表現不佳，最後公司不得不遣散部門裡的所有員工，但令人意外的是，這位前任主管卻獨自升遷，轉去擔任其他部門的負責人。原來他從很早以前就把績效不佳的責任都賴在別人頭上了。明明直到解散的前一天，他都還是這個部門的負責人，卻不需要負責。

這類型的人普遍來說只占所有人口比例的百分之二到百分之三，不過社會上多數的公司組織，都很喜歡獨裁型主管推動業務和創造成果的能力，因此有這類傾向的人在公司裡實際卻占了百分之五到百分之二十。

那麼，逼瘋員工的獨裁型主管有哪些優點？

1 爭取到領導階層支持的超能力

獨裁型主管所擁有的個人魅力、強大的推動力和完成目標的高效率能力，讓他們在公司裡相當受到青睞。他們不只擅於說服領導階層，也能讓所屬的部門在公司內受到矚目。無論獨裁型主管對內部員工有多專制，他在爭取領導階層的支持與關注方面絕對是能力出眾。

因此，相較於待在沒有能力獲取公司資源的主管底下，我們會感到扼腕，在獨裁型主管底下工作反倒不會遇到這類的問題。

2 締造出亮眼的業績

前面提到，獨裁型主管非常執著於完成目標業績，就算會把大家操到累得半死，他還是會毫不留情地在後面揮鞭，逼著所有員工前進，也因此才能拿到漂亮的成績。

舉個誇張一點的例子。假設戰略諮詢團隊被分派了合併和收購項目，必須進行「盡職調查（Due Diligence）*，那麼在整個計畫執行的期間，大家就會面臨不分晝夜地加班、無法回家、一週工作超過一百個小時的狀況。雖然聽起來很不可思議，但依照這類計畫案的特性，實際上的確可能發生這樣的事。而在完成如此艱鉅的專案之後，一般的主管都會願意讓員工安排休假。獨裁型主管可就沒那麼好說話了，等這專案一結束，立刻就會有下一項、下下一項專案接踵而至。

不管我們是因為嚴重過勞、生病要去醫院、需要照顧家人等各種原因想休假，對獨裁型主管而言，這些一點都不重要。在他眼中，只有「業績」才是唯一的目標和動機，那些想著要休息的員工都「太脆弱了」。獨裁型主管就是帶著這種精神幫公司創造出績效的。不過，要是你以為他的優點可以蓋過他的缺點，那他就沒道理會被列在職場神經病的名單裡了。

跟獨裁型主管一起工作的人會遇到哪些問題？

1 他會壓榨部屬，直到我們燃燒殆盡

獨裁型主管絕對不容許有人對他訂下的目標提出任何質疑，同時為了達到目的，他也不允許有人在執行任務時有任何鬆懈。一旦發現底下的員工怠慢

或是能力不夠，他會毫不留情地把人趕走。無論是霸凌員工、把人踢到其他部門、或是逼到他自行提出離職，只要有人成了他達成目標的絆腳石，他就會徹底掃除。

一般主管察覺員工過勞或能力不足時，會試著站在對方的立場為他著想、幫助他自我成長、調整他的工作量，並幫忙管理他的效率。然而，這些事情對於獨裁型主管來說根本是不可能的任務。他唯一會關心的情況，就是「當員工事情做不好的時候，要用什麼辦法才能把人趕走」。

獨裁型主管認為所有兼具能力和意志力的員工，不需要追求工作和生活的平衡，也不認同人需要照顧自己的情緒或追求生活品質。所有人都只要做到一件事：全力以赴完成主管設定的目標。這就是獨裁型主管願意賦予底下職員的唯一自由。

---

*譯註：盡職調查是在簽署合約或是其他交易之前，依特定注意標準，對合約或交易相關人或是公司的調查。在進行決策前，這類的調查可以讓決策者有更多系統化的相關資訊，對於其成本、利益及風險有更多的資訊，以便進行知情的決策。（資料來源：國家教育研究院雙語詞彙、維基百科）

2 把部屬當成工具人不停剝削

獨裁型主管只會把底下員工當成做事的工具。除了工作上的事，他對員工的一切都漠不關心。當然如果有必要，他偶爾也可以溫和地照顧部門成員、或是在各式各樣的場合中表現出關心。但這些僅限於「他覺得必要的時候」，因為他只把人當成棋盤上的一粒棋子而已。

對於容易感到不安、存在感相當微弱、需要依附在別人身上才能生存的人，獨裁型主管表面上看起來會是很不錯的主管。他會不斷交付任務、明確下達指令，所以底下的人也會覺得自己很有存在的價值。可是這些都是獨裁型主管為了達到個人目標的手段。對於員工，噢，就只是做事的工具，他一點都不會放在心上。

3 塑造出部屬無能的形象，再把我們踢走

獨裁型主管碰到有員工反對自己的意見、質疑自己、或是下達指令卻不願意執行的時候，一律都會把人趕走。當然他不會笨到當著本人的面大發雷霆地怒吼：「你給我滾！」獨裁型主管想要踢人時，不會帶著個人情緒告訴對方：「我給過你機會了，但你還是沒把分內工作做好啊！」或是「你就是跟我不合。」而是會以一副理性又中立的樣子說：「客觀上來看，你的能力並不適任

這個職位。」然後不留情面地把人送走。他就是會想盡辦法讓我們離開，若有必要，他還會抹滅我們曾經做過的努力，甚至捏造出一些證據當成理由來把人趕走。

我們受到的傷害，或是其他員工知道真相後對團隊造成的影響，都不在獨裁型主管的考量範圍內。反正他這個瞬間的目標就是「要把這個員工趕走」，他只是盡力完成這個目標而已。至於被弄走的員工，被獨裁型主管這樣捅了一刀後，名聲自然也會跟著一落千丈。

4 讓部屬覺得人格受到侮辱

獨裁型主管不會不分青紅皂白地亂發脾氣，卻會傷害我們的人格和尊嚴。只要他認為我們有點不聽話，或是想脫離他的掌控，他就會不斷針對我們擺出高姿態，讓我們感受到：「你好好反省你自己做錯了什麼！」還會搭配讓人熟悉的輕蔑眼神告訴我們：「誰叫你居然敢不聽我的話？」

有時候獨裁型主管會挑出一個人來殺雞儆猴，好讓整個部門充滿高壓又恐怖的氛圍。用這種方式讓大家知道他是多麼有權力地位的人，以及不聽他的話需要付出什麼樣的代價。就像歷史上的獨裁者們也會把反對派的人斬首、吊掛在城門上示眾一樣，現在只不過是將事情發生的場景換到公司罷了。

以員工的立場來看，要是遇到沒有能力或是自私自利的主管，頂多只會希望他被調到別的部門，反正只要不再碰到他就沒事了。然而假如是被獨裁型主管折磨，我們就會恨不得徹底忘了這間公司裡有他的存在。雖然完全不想跟這種人相處，不過職場生活哪有可能事事都順著我們的意呢？

萬一真的碰到了獨裁型主管，該怎麼應對才是上策呢？

1 先判斷自己的主管是不是把人逼瘋的獨裁者

每個人都有沉著冷靜的時候，也有失控對人態度不好的時候，尤其是負責整個組織的人，不但要被業績逼著前進，有時還要被人死纏爛打，因此偶爾難免會把底下的員工當成工具人來看待。然而，在獨裁型主管身上出現的問題情緒可不只是偶爾，而是家常便飯了，無論做什麼，千篇一律都是這種態度。

假如我們的主管隨時隨地都表現出過度自戀、自信的樣子，不僅外表有魅力、強烈地渴望掌控權力，還對於其他人的處境無法感同身受，就能合理推論他是獨裁型主管了。上述這些描述都是獨裁型主管的明顯特點。

再來可以觀察他「統治」的組織，會發現整個團隊非常「情緒化」，充滿敵對的氛圍，也對彼此帶有攻擊性。因為獨裁型主管會持續不斷地施加壓力，讓組織裡的成員無法凝聚。因此，如果排除了主管是超嚴格的原則主義者、或自私的機會主義者這些可能性，就可以初步判斷他是獨裁型主管了。

2 要清楚知道這個人是不會改變的，當然狀況也會一成不變

當我們確認到主管是把人逼瘋的獨裁者，也就可以確定一件事：他這個人是絕對不會改變的，連帶的所有狀況也都不會有改善的可能。當然如果更高層的上司把他調到別的部門就有機會解脫，但在那之前免不了要繼續痛苦下去。

獨裁型主管的問題特徵主要反映在「個性」上。即使他真的反省了、體會了、年紀資歷更多了，這種個性也不會減弱或改變。盲目地期待他有天可以改變，最終只會一無所獲，必須要找出其他對策才行。

3 最重要的是維護好自尊

獨裁型主管喜歡掌控人心，而採用的方式通常殘酷無情、傷人自尊，即使是成熟的成年人也難以招架。獨裁型主管的手段也會讓所有人陷在恐懼和不安當中瑟瑟發抖，以致於無法做出理性的判斷。

假如這份工作對我們來說非常重要，現階段絕對不能跳槽的話，就不要有「可能是我工作能力不夠」、「因為我的承受能力太差」之類的想法。對方只

差沒有直接犯罪而已，但他造成的問題嚴重程度也相去不遠了。請記得，他尖銳的貶低和嘲諷是出於他不夠成熟的表現，他根本無法完全了解我們，講出來的那些話也不是關心我們或為我們著想。所以，千萬不要對他的話鑽牛角尖，務必好好保護自己的自尊。

4 不要繼續跟他共事了，請離開吧！

最後，必須老實告訴各位一個不幸的消息，跟其他類型的神經病主管相比，並沒有適合的解決方法幫助我們面對獨裁型主管。獨裁型主管雖然為人惡毒，但他頭腦聰明、工作業績又好，所以部門外不了解實際狀況的人都只會看到「一個認真工作的主管、和一個跟主管槓上的糟糕員工」。

而且獨裁型主管擅於抓準機會讓自己升遷、乘勝追擊，一般在組織裡都是擔任握有實權、勢力頗大的處長或經理。所以即使我們調換部門，很有可能在公司裡的名聲已經被他弄臭；或是遇到極大的阻礙而無法順利調職。

有人可能會認為「拚命地死撐到底，狀況就會好轉」，然而獨裁型主管的欲望並不會有填滿的一天。他連為自己努力工作的員工都不懂得感謝了，還能期待什麼？除了離職之外別無他法。個性忠厚老實、盡忠職守的人，會被利用得最徹底，也最容易淪落到「兔死狗烹」的境地。如果我們沒有幫自己訂下明確的目標，只是一味地付出忠誠，到頭來他留給我們的只有一個冷漠離去的背影而已。

就算是換個部門也好，請離開吧！繼續和獨裁型主管共事下去，我們的尊嚴也會受到持續性的傷害，結果形成「錯誤的習慣和經驗」。換句話說，要是長期待在被辱罵的環境，我們可能也會養成辱罵別人的習慣，或是將心中的憤怒情緒轉嫁到其他人身上發洩，結果我們自己的人際關係恐會破壞殆盡。

獨裁主管的應付對策

☑ 先仔細判斷我們的主管是不是把人逼瘋的獨裁者
☑ 要清楚知道這個人是不會改變的，當然狀況也會一成不變
☑ 最重要的是維護好自己的自尊
☑ 不要繼續跟他共事了，趕快離開吧！

愛刷存在感的無能主管

特徵

- ☑ 希望自己是眾所矚目的焦點，說話和做事嚴重搖擺不定
- ☑ 經常注意自己的外在
- ☑ 對陌生人和老闆很好
- ☑ 表裡不一，知識貧乏
- ☑ 喜歡找出別人的弱點來驅使他們聽命行事
- ☑ 要承擔責任時，就會落跑或打同情牌

在職場遇到的神經病故事

最近空降進來的品牌部經理履歷非常亮眼，除了曾經在國內首屈一指的生活用品公司擔任企業品牌負責人外，也在知名化妝品企業和通訊企業等地方就職過，履歷上的資料顯示，國內知名公司的品牌行銷部門他幾乎都待過一遍了。不僅資歷，學歷也算得上是漂亮，雖然不到頂尖的水準，也是畢業於首都一間滿有名的大學，還拿了兩個知名國外大學的碩士學位回來。

這位品牌部經理進來公

司後，在第一次的見面會上就以華麗的外貌和優雅的談吐吸引了所有人的目光。他的穿著打扮有多引人注目呢？見面會結束時，就有一名職員開玩笑地說：「新來的品牌部經理不像是來公司上班的，看起來比較像要去參加時裝秀的樣子呢！」

然而不到一個月的時間，很多員工就開始對這位經理有諸多的不滿和怒火。明明整個品牌部門最重要的工作就是主辦對外活動，已經過了一個月，負責整個部門的經理沒道理對相關的事情一無所知，但他卻滿臉第一次聽到的表情，要求底下的人從頭開始逐一說明，最後又給了一個十分荒謬的決策。

結果，品牌經理因為把活動規模搞得太大、遠遠超過公司原本的預算，必須重新申請預算並得到總經理的批准。不僅如此，他還把確認預算和執行業務等所有活動經營的責任都推給隔壁的行銷部，負責主辦的品牌部門和帶頭的品牌經理到頭來居然只負責開場和主持的項目。

更讓人傻眼的是，這位品牌部經理還一派優雅地說：「預算這種小問題，根本不需要去麻煩總經理啊！」一直接由自己做了決策。還一心認為自己是這場大型活動的核心人物，並志得意滿。

其實整個部門不只面臨活動專案進行上的問題，公司從很久之前就傳出了風聲，希望可以把品牌部門和行銷部門合併，品牌部門的員工長時間以來也極力主張自己部門獨立運作的重要性，但經理對這些事一點也不在乎。

某天，他看到了活動當天的位置配置圖，發現自己的位子被排到其他人後面，立刻把活動負責人叫來刁難了一頓，他明明不是現場工作人員，卻硬占了一個位子和其他工作人員同坐。品牌部經理只在乎禮貌，而且還是別人對自己的禮貌，除此之外，他對整場活動的流程完全不關心，還不斷推卸責任。

後來部門裡發生了一個問題，嚴重到必須立刻向總經理報告，可是到了經理手上卻無聲無息被壓了下來。每次都只有出現值得誇耀的成效，或舉辦大型活動等重點項目的時候，經理才會向總經理報告。品牌部門沒有把問題呈報上去，不表示其他相關部門也會一起保持沉默，總經理在得知實情後大發雷霆，質問為什麼品牌部門都放著不管。不過，當原本氣得快噴火的總經理跟品牌經理開會之後，兩人居然神奇地口徑一致，當作沒有發生過任何問題。

後來，品牌部經理偶爾碰到完全無法擺脫的困難時，他就會直接丟給部門裡工作能力最強的鄒課長解決。品牌部經理拿出一堆理由，說自己要參加EMBA進修課程、要到外部機構研習……不在辦公室的時間越來越長，結果鄒課長不得不收拾這些爛攤子，扛起責任管理品牌部門的其他員工和外部合作的廠商，連和隔壁部門發生衝突，也是鄒課長出面處理。

同一時間，鄒課長還要幫品牌部經理寫報告書，要是牽扯到一些負面的內容，他還得親自向相關人員報告。當然，要是在報告場合中，總經理對專案、部門員工不滿而發飆，被噴得狗血淋頭的人也絕對是鄒課長。

但！是！如果今天是要發表部門成果的報告書，品牌部經理絕對不會錯過，一定會第一時間在完成時把自己的名字放上封面，報告時也會說得讓總經理和其他人覺得這項案子都是他一個人的功勞。

品牌部經理對腳踏實地做事本來就沒什麼興趣，常常把工作扔到隔壁部門，時間一久，品牌部門在公司的地位也日漸低落。有時隔壁部門碰到必須由品牌部門處理的工作，大家都知道要去找鄒課長，找品牌部經理根本沒有用。

過了兩年，總經理總算也發現了品牌部門的問題，於是直接大刀闊斧地將品牌部門合併到行銷部門底下。結果高層追究部門營運不善的原因時，責任全都落到鄒課長一個人頭上，最後鄒課長被公司炒了魷魚。而品牌部經理呢？他在宣布部門合併的前三週就跑去放了一段長假，等到鄒課長被辭退後又回到工作崗位上，不只沒丟工作，還晉升為宣傳部門的高層負責人，讓人唏噓不已。

我們一看到這種人，可能會不自覺脫口而出：「這麼無能的豬頭怎麼有辦法爬到那個位置？」有趣的是，不太認識他的人可能還會覺得他聰明幹練、優雅、又有能力。這類型的人在老闆眼裡，就算有些小缺點，也不影響他們做事認真、願意犧牲奉獻的形象；不過對於同事或下屬來說，他們真的會讓人氣到吐血。

同一個人在不一樣的人眼中呈現出完全不同的形象，就像一個人戴著不同的面具，這類的神經病主管可以稱為「愛刷存在感的無能主管」。

無論是一般公司、學校，還是公家機關，也不管是員工或教師，一個組織的規模成長到一定程度時，各個領域之間的分水嶺就會更加明顯。但是，愛刷存在感的無能主管在組織擴編、分工的過程中可以撐很久，不太容易被篩掉，反而在他們爬上高位之後，他們「完美的無能」才會暴露在陽光下見光死，甚至動搖到整間公司和組織的根本。

他們會把有能力的人逼得不得不出走、或失去熱忱，自己又無法解決工作上的問題，只擅長對上層阿諛奉承。等到事情完全搞砸後，大家回過頭來才會明白問題到底出在哪裡。

愛刷存在感的無能主管們，通常都有以下幾項共同特徵

1 極度愛刷存在感

無能型神經病主管的最大特點，就是不僅愛刷存在感，還喜歡討拍。在對外場合或公開會議中，他一定會強烈表達意見、想盡辦法贏得關注，努力成為大家注目的焦點。要是他提出來的意見被忽略、或是比較不受重視，他就會開始鬧彆扭。相反地，如果他的建議被大家熱烈討論，他就會突然變得積極、踴躍又充滿活力，用一連串看起來華麗的創意或舉例包裝他的想法。

然而仔細觀察就會發現，他的邏輯並不符合討論的主題，單純只是抒發己見、享受其他人把視線集中在自己身上的感覺。不過，愛刷存在感的無能主管也會使出渾身解數不露出馬腳，讓自己的言談舉止看起來很幹練，所以剛開始一兩次很容易讓人覺得他是一個有想法、有能力的人。時間一久，底下的員工才會慢慢發現他的真面目。

2 情緒和言語的表達充滿戲劇性

愛刷存在感的無能主管在發表或開會時，就像連續劇主角一樣充滿激情、感性，情緒起伏也很大。要是遇到能吸引大家注意力的場合，他會立刻表現出

自己很有說服力的樣子，尤其他很懂得如何猜中老闆的心情和期盼，也會用精彩的演技迎合老闆的喜好。

實際上，在宣傳、行銷和品牌等部門工作久了，多少都會看到這類演技誇張的人。當然，剝去他們裝飾在外的表皮後，裡面什麼也沒有！沒有內涵、沒有實際想法，只是一場渴望被關注和認可的表演而已。

3 外在亮麗，內在草包

他的學歷、品味看起來非常光鮮亮麗，而且看他在職場上一路以來累積的經歷和工作資歷的厲害程度，就算懷疑他是故意只挑職稱好看的工作，一般人也很難蒐集到這麼多亮眼的履歷。

不只學經歷亮眼到閃瞎別人的眼睛，這份氣勢還一路延伸到他的穿著打扮上。只要從他超級引人矚目的穿搭，還有平常一定花超多時間管理的皮膚、身材等方面就可以知道了。

4 對陌生人和老闆很好

愛刷存在感的無能者剛進一家新公司、或是剛換新主管的時候，都會表現得很不錯。不僅如此，遇到底下有新進員工時也會對他們非常好。幹練亮眼的外表、加上一開始認識就懂得掌握並滿足每個人的需求，會讓人誤以為他真的是個不錯的人。而且，他一到新組織裡立刻就會提出很多改善的建議，乍看之下好像很有能力。

要是再碰上一個識人不清的老闆，老闆就會以為自己找到了能幹的管理人才而沾沾自喜。

5 話說得好聽但都是騙人的，對別人的理解也很膚淺

愛刷存在感的無能主管們，講話、做事看起來都很厲害，也常誇耀自己學過很多，但是仔細觀察就會發現他們只是金玉其外，內在實際的見識相當短淺。甚至更誇張的是，他有可能在某個領域拿到很具分量的學位，也在同一個領域累積超過十年的工作經驗，卻依然對那個領域一無所知。

從他們嘴裡吐出來的話，一開始很精彩，但過不了多久就會覺得空泛。像是一部電影預告片非常吸睛，可是正片一開始我們就知道整部片的精華都在預告裡了，其他內容不只沒重點，還讓人認為這是部超級大爛片。

愛刷存在感的無能主管不僅沒有工作能力、不具備知識和常識，他們表現出來的情緒也常常讓人覺得很假。尤其是牽涉到同理、憐憫或熱忱這種比較積極正向的情緒，有時不只會讓人覺得他表裡不一，甚至還會對他的演技起雞皮

疙瘩，十分不舒服。

6 喜歡利用別人的好意和弱點

當愛刷存在感的無能主管一旦覺得自己跟我們夠熟或是很要好，就會慢慢開始提出無理的要求，他自私的態度甚至會讓人覺得他很過分。說得更清楚一點，與其說他的態度會那麼自私是為了追求他自己的個人利益，不如說他就是單純認為自己的地位和形象比一切更重要才會這樣。

此外，無能主管也很懂得利用自己手中握有的權力來說服或利用身邊的人。要是我們和他的關係平起平坐，他就會把我們的好意當成權力來濫用；萬一我們是他的下屬，他就會把績效評鑑、升遷機會、業績分配之類的手段當成誘餌，等著我們上鉤。

從底下員工的立場來說，偶爾被利用一兩次還可以苦撐過去，但問題是無能主管根本不懂得收手，只會狡猾地抓住每個人的弱點不斷攻擊。

7 碰到危機或要承擔責任的時候，就會落跑或打同情牌

無能主管沒實力也沒想法，只喜歡花心思讓自己看起來更好看、更亮麗，這種人真的遇到要承擔責任時，絕對會想盡辦法甩到別人身上。他們要嘛是把

責任推給下屬，要嘛是突然請病假……找各式各樣的藉口推託。再不然就是裝可憐博取同情，並把問題丟給上面的人處理。等問題一解決，立刻就會表現出強勢的態度，還會說：「我哪有裝可憐？什麼時候的事，我怎麼不知道。」

那麼，愛刷存在感的無能主管們，會對公司組織帶來什麼影響？

在整體人口當中，「愛刷存在感的無能主管」這類型的人可以算是占了百分之二左右的比例；換句話說，大約每五十個人裡面就會出現一個。我們可能會覺得機率又沒多高，應該不會那麼衰，常常碰到豬腦人吧？

可別放心得太早，在公司這種環境裡，無能主管出沒的機會比其他地方高得多。有些組織裡的比例會提高到百分之五，而且待的位置越高，遇到豬頭主管的機率也越大。有些人可能會認為，比起全公司有高達五分之一的神經病這個調查結果，百分之五這個統計數字的震撼程度其實也沒那麼嚇人。

但可怕的來了。一般神經病類型的主管可以帶領公司締造業績，也可以給所屬員工成功的機會。可是！愛刷存在感的無能主管本人就跟他們空泛的言語和想法一樣，跟著他們的結果也只會留下空虛而已。雖然從他們嘴巴說出來的很像一回事，卻也僅止於此。而且他們還會為了自己，讓底下員工「被自願犧牲」。徹底利用完別人，說一句「我什麼都不知道啊！」就什麼都不管了。

正因為這樣，愛刷存在感的無能主管在公司裡總是可以扮演「破壞者」的角色，這也是他們的必殺技。除此之外，他們比我們所想得更容易升遷。因為他們懂得在上級主管面前表現，也擅於利用並使喚有一點能力卻又不夠堅強、有特定弱點的職員。這些手段並不是為了追求任何的工作成果，單純只是無能主管想顧及自己的面子。

當有新員工進公司、整間辦公室的注意力很自然地集中到他身上的時候，無能主管就會開始在背後說新員工的閒話，甚至捏造一些不存在的傳聞，想盡辦法把其他人的關注搶回來，這也是他們刷存在感的方式之一。

他們強烈希望自己的草包點子能被公司採用，為了達到目的，他們不是想辦法補足提案的充實度和說服力，反而是用旁門左道拉攏人際關係，讓大家支持他的意見。在他們成功搶到負責人的位置後，接下來他們就會勉強、利用底下的員工追求他自己的欲望，然後用完就丟，這也是無能主管喜歡的套路。

他在利用員工的同時，還會對上級主管表示自己會完全負起責任，要是自己的部門無法按時交出成果，他就會落淚以博取同情，藉此讓自己在公司裡存活下來。當然，在整個過程中，底下員工的死活他一點都不在意。

這些愛刷存在感的無能主管只適合一種工作環境，那就是對「創意」的需求遠遠大於行政管理或合作互助的組織。一般的品牌行銷、廣告、設計、傳播、藝術領域等等，算是創意類領域的典型代表。而在注重組織規範、責任歸屬嚴明的製造業等地方，無能主管的比例相對比較少。不過在強調以創意為重的產業裡，可就暗藏了更多的無能型豬頭主管。

如果我的主管就是愛刷存在感卻無能的豬頭，我該怎麼應付他呢？

1 最好跟他劃清界線

期待這類型主管有天能變得正常幾乎是不可能的事，最好的辦法就是一輩子都不要跟這種人見面，不過這種話講了跟沒講差不多。因為問題出在主管的個性上，所以就算時間過得再久，他也改不了。

基本上，愛刷存在感的無能主管沒辦法跟別人建立對等的人際關係。他們面對上級會一味地奉承、討好，不知不覺地被牽著鼻子走；面對下屬就會抓住對方弱點、不斷推卸責任。當然最好的情況就是不要跟這種人扯上任何關係，可是萬一不得已必須跟他交涉的話，建議只要維持公事公辦的官方關係就好。雖然對其他同事比較抱歉，但我們只要跟這種無能主管保持「心理上」的距離，他就會去搜尋更靠近他身邊、更容易欺負的獵物並折磨他們。

2 面對他的時候，態度要理直氣壯

愛刷存在感的無能主管都有一種本能，就是遇強則弱、遇弱則強，換句話說就是俗稱的「欺軟怕硬」。他們在找出弱者來利用這方面非常神機妙算，所以面對他們的態度絕對要理直氣壯、果斷又明確。如果你暫時還無法脫離這種主管，那麼絕對不要在主管面前表現出自己的弱點，這才是最佳的生存之道，如此一來他就不能吃定你。

3 他的話聽聽就好，千萬不要照著做

無能主管說了些什麼的時候，因為他是主管，多少還是得聽一下，給他最起碼的禮遇。但是除了工作上必須解決的事情以外，其他完全不需要照著他的話去做。工作上要配合他是出於不得已，不過他們往往分不清楚公事和私事的界線，甚至會利用員工來幫他處理個人事務，而且當你拒絕他的時候，他還會發脾氣給你看。

所以在他面前要裝出一副聽從的樣子，但可別真的傻傻照做。一開始你不照著做他還會碎念個一兩句，但幾次下來，他很快就會去找其他好對付的人。記得在過程中絕對不要被無能主管發現我們的真實情緒。

4 對他說一些阿諛奉承的話，會很有幫助

俗話說得好：「千穿萬穿，馬屁不穿。」說阿諛奉承是全世界共同的語言也不為過，用來應付愛刷存在感的無能主管也很有效。當然這一招並不是在所有情況下都能發揮功效，而且我們說出違心的稱讚時，也可能覺得面子有點掛不住。但是當我們跟無能主管之間發生比較嚴重的矛盾或摩擦時，就適度地說說好話然後閃人吧。因為無能主管的頭腦簡單，所以效果可能比我們想像得還要好呢！

無能主管的應付對策

☑ 心理上絕對要跟他保持距離

☑ 面對他的時候，態度要理直氣壯、果斷明確

☑ 他說的話雖然要注意聽，但是跟工作無關的要求千萬要拒絕

☑ 偶爾會需要適當地說一些好話

自以為是的死老頭主管

特徵

- ☑ 時常表現出過度的自信和權威主義的態度
- ☑ 強烈要求別人尊重他和他的工作
- ☑ 對別人完全沒有同理心，只會冷酷地利用別人

在職場遇到的神經病故事

郭組長在公司的國內業務部門負責業務企劃已經第四年了，不過最近的一個月幾乎可以說是一場惡夢。以前，郭組長常常一有不錯的點子就會提報給主管，做事非常積極，每次得到的考核和評價也都優於其他一樣擔任組長的同事。然而，公司進行改組之後，部門新來了一位李部長，郭組長職涯生活的惡夢也就此開始。

其實在這次共事之前，郭組長就跟李部長碰過幾次面。那時候，他們彼此所屬的部門在工作上沒有合作關係。不過事業發展部在召開一年一度的營運策略會議時，派駐國外的業務人員也會一同參與，報告關於各個地區的發展狀況。每次會議結束後，負責國外、國內的業務人員都會一起聚餐，郭組長也是在這個場合中認識了派駐在國外的李部長。

這位長期在國外工作的李部長，平常偶爾就會說些大話，但他對工作的責任感很強，處理每件事的態度也十分積極。後來國外的業務部門縮編，正好郭組長原本的部長也被調到行銷部門，於是李部長就成了郭組長的新任上司。

李部長上任的第一天便召集了整個部門的人員參與會議。郭組長因為是業務企劃的負責人，所以由他在副理和課長們面前報告經營現況，過程中跟以前開會的時候一樣，提到每個專案時郭組長都會積極提出建議，大家覺得不錯的也會立刻加以記錄。但這時李部長的一句話，卻讓郭組長當場崩潰。

「喂！你這臭小子，不過就區區一個組長，你懂什麼東西？還敢提出自己的建議？好好把經營現況的數字報告完就給我滾下台！」

郭組長瞬間驚慌失措，只好匆匆忙忙結束了報告，把麥克風交給下一個人。從那之後的會議，發言的順序完全按照每個人工作的位階進行，組長以下的人除非被李部長直接點名，否則根本沒有任何發言權。不管是談論什麼內容，只要沒經過李部長的允許就提出建議，李部長立刻就會大發雷霆。

過了兩個禮拜之後，李部長跟一家頗具規模的客戶業者約好時間開會。郭組長事先將會議中可能討論到的公司立場、主要議題和著重的注意事項寫成一份報告，並向李部長說明內容。

這時李部長只講了一句話：「你見過那位客戶嗎？沒見過吧？不懂就不要強出頭。越沒有能力的人越喜歡出風頭，每次都這樣。我拜訪過的客戶可多得很，我自己知道該怎麼辦，不用你雞婆。」

雖然郭組長沒有直接接觸過這家業者，但是這位客戶過去跟公司往來時發生過許多問題，所以郭組長在制訂業務企劃的時候都會事先做調查，並充分了解他們的需求、可能出現的問題和解決方案。而且重點是，原負責人林副理年資久是久，工作能力卻非常差，因此實際上負責並管理這間客戶專案的都是上一任的業務部長和郭組長。

然而，李部長完全不重視這些便直接去開會了。平常李部長講話的時候就喜歡習慣性地打包票，結果講著講著被客戶回了一堆難聽話。隔天李部長一到公司就把郭組長叫到自己的位子上痛罵一頓，聲音大到幾乎整間辦公室都聽得到回音。

「喂！郭組長，你是負責企劃的人耶！有新任部長要跟客戶會面的話，你應該要事先把之前跟客戶合作的記錄歷程，統統清楚報告上來才對啊！」

「昨天交給您的報告……」

「你這臭小子在開什麼玩笑！欸，那麼重要又常出問題的大客戶，你拿出薄薄一張紙就想打發我，要我自己看著辦？那你還領什麼薪水？你來公司是來混的還是來幹嘛的？」

「昨天我原本計畫要向您報告……不過部長您直接打斷了我的話……」

「如果你真的了解情況，就算出手攔我也要講清楚啊！不會整理出簡短的重點來報告嗎？不就還好這種狀況我還處理得來，這場會議差點就因為你而毀了你知道嗎？你以為你離開了這間公司還能靠什麼賺錢？沒有的話就給我好好工作！」

過了一個禮拜之後，換陳課長負責和這家客戶開會，結果類似的問題不斷地出現。這次郭組長想盡辦法向李部長說明了開會的注意事項，但李部長完全心不在焉，邊聽邊說：「知道了、知道了。」左耳聽完就從右耳跑出去了，結果會議上又被客戶說了不好聽的話。隔天早上不只郭組長，連陳課長也一起被叫過去訓斥了一頓。

「你們這群臭小子！都當上組長、課長了，統統都是第一天新來的嗎？還是你們約好了要一起扯我後腿，讓我沒辦法做出成績升職？你們知不知道我是付出了多少心血才走到這裡的？像我這種有能力的管理者，升不了職位是公司的損失啊！你們造成了公司的損失，賠得起嗎？你們這些癟三居然還敢怪上面的人！把工作交給你們這些乳臭未乾的小子負責，我看上一任部長也真的是夠無能的！」

在李部長調來的一個月後，董事長下達指令要李部長三天後向他報告業務部的狀況。李部長立刻把全部門的人都找到會議室裡，壓著所有人交出各種報告。過了一陣子，郭組長提交了報告的初稿，李部長根本沒有仔細看內容便當場退回，要他一改再改，改了幾十遍。

過程中，有些跟業務部現況報告比較沒有關係的員工要出公差，還被李部長說：「你們這些混帳一點都不尊重部長，對公司也不夠忠誠！我是為了讓你們不要被罵，才要你們努力做出一份報告。居然沒有一個人了解這件事到底有多重要，都是白癡嗎!?」徹底羞辱了他們一番。

全體員工就這樣被折磨連續整整三天後，到最後一刻李部長選出來的那份報告，跟郭組長一開始寫的報告初稿內容完全一模一樣。就在李部長走進董事長辦公室報告的時候，郭組長開始認真思考進公司七年來第一次考慮的問題：

「我要不要離職呢？」

職場生活中，最糟糕的一種神經病就是「老頭型主管」了。上班族心目中的老頭型主管，大多是四十幾歲到五十幾歲左右的總經理、副理。某個大型就職網站針對「職場老頭」這項議題做了一份問卷，調查職場老頭最常掛在嘴邊的話有幾種[註2]：

「照著我說的去做就對了！」　**幫你定好答案型**

「叫你喝就喝！」　**要求絕對服從型**

「我經歷過都知道……」　**無所不知、無所不能型**

「你就體諒一下吧！」　**冷血加沒禮貌型**

「你是瘋了嗎？」　**憤怒調節障礙型**

其實不只在辦公室裡，在任何狀況下碰到這樣說話的人，無論是誰都絕對不想跟他們有任何瓜葛。然而被薪水束縛的我們，還是不得不面對這種人，現實就是如此哀傷。

老頭型主管們一般都非常自以為是，覺得地球繞著自己轉，對於別人的傷痛或困難完全不在乎，一出問題就把責任推到別人頭上，還認為自己是公司裡最被看重的人才，講話非常囂張。

這些自以為是的死老頭們，到底為什麼會這個樣子？

1 過度自信及權威主義的處事態度

「我才是對的！我經驗豐富，當然我了解得更多。」就像這句話一樣，老頭主管的基本思考模式都會先把「自己」當成世界中心，還連帶認為「我比你更優秀！」

當然經驗豐富、資歷比較深的人某種程度上的確是會帶著優越感，在公司裡的職位也比其他人高，即使不是故意的，仍然擁有可以壓制別人的權力。然而，自以為是的老頭主管們在態度上更常展現出強勢的權威主義，症狀比較嚴重的人還會認為自己像是「貴族」，並把底下的員工當成次等公民對待。

他們不單覺得自己懂得比較多，甚至會把人分成不同階級來對待，認為自己就站在階級金字塔的最頂端。在跟這些老頭主管們相處時，常常都能看出他們的這種心理狀態。

他們認為隨時隨地要求別人絕對服從命令、展現他的權威主義，是一件十分理所當然的事，而且只承認公司正式頒布的位階。不過好笑的是，他們大多不願意服從或承認比他們更高層的權力。他們和上層開會的當下，雖然會表現出俯首稱臣的態度，可是當他們一離開會議室就會砲火猛烈地臭罵一頓。

他們普遍認為在他們頭上的人「因為爬上太高的位置才變得極為無能」，也經常討論上司「能力不足」的部分。同時，他們認為自己非常有能力，所以公司最大的問題就是把他安排在無能者底下工作。

2 強烈要求別人尊重他和他的工作

從老頭主管們口中聽到「我現在做的事情比你重要」，或是「我經歷過，這些都懂……」，就可以感受到他們對自己的過度自信。他們認為自己當下做的工作十分偉大，也會一直表現出高高在上的態度，認為大家都應該要一起承認這點並大力稱讚。他們確實可能偶爾一兩次是真的把事情做得不錯，或是手上的工作比其他人更重要，不過也不需要做到讓每個人都掛在嘴邊，還幫他拍拍手、說他好棒棒吧？

公司又不是什麼獨裁、專制的國家，他卻一直滔滔不絕地敘述自己做的事有多重要、自己這個人有多重要，像里民廣播一樣到處宣傳，而且沒有跟著一起讚揚他的人就會被當成叛徒。大家會不斷被他要求，逼不得已必須瞎掰出些什麼來稱讚他，直到他覺得滿足為止。他自己本人也會持續強調：「你們就是不知道我現在做的事有多重要才敢這樣！」成天把這句話掛在嘴邊。

3 對別人完全沒有同理心，只會冷酷地利用別人

自以為是的老頭主管對於「追求自己的利益」、「滿足自己的欲望」這兩方面實踐得非常徹底，有時候還會執著到讓旁人看了覺得誇張的地步。然而另一方面，他對那些要承擔、執行他這些需求的人卻漠不關心。不只是漠不關心，他還會虎視眈眈，只要對方露出一絲縫隙讓人有機可乘，他就會立刻衝向前，儘可能把人利用到連渣都不剩。

基本上在老頭主管的認知中，他們覺得人與人之間的關係不存在任何同理心、分享、憐憫或認同這類的感性情緒，只有全然的競爭和相互利用的關係。即使對方只露出十分微小的弱點，他也能敏銳地捕捉到，當他認為這部分有利用價值，就會毫不顧慮當事人的立場，直接動手撕開對方的傷口來發動攻勢，甚至利用這一點滿足他自己的利益和欲望。

不論是誰，看到這種情況都會不由自主說出：「那個人怎麼可以這麼厚顏無恥？」或是「那個人真的瘋了吧？」而部門當中被欺負的員工也不只是會覺得煩躁，更有可能面臨自尊被踐踏、工作能力被質疑的窘境，最後被逼到不得不離職。

即使是一個不具攻擊性的老頭主管，他也會把底下的員工當成替自己加油的啦啦隊，要大家隨時隨地、熱烈支持他正在做的事。無論員工碰到多少困

難，老頭主管都不會覺得那是自己的問題，反正他個人的心情比這些困難重要多了。再加上他很擅長使喚人，甚至會讓對方覺得自己像是他的專屬僕人，一輩子都會困在他手心裡。

再繼續下去，正常人都要比這群職場神經病更神經了。如果說「自己明明正帶給別人痛苦，還無法理解承受者心情」的這種人可以稱為神經病的話，自以為是的老頭主管堪稱是神經病之最。他們不只無法理解我們的心情，還可以持續冷漠地對我們施加痛苦。因為他認為我們不過是比他更低等的存在。

這裡提供一個實際的數據讓大家評估，雖然大多數的人個性上都會自然帶有一點類似的傾向，但嚴重到稱得上病患等級的人口比例，其實只占了總人口數的百分之零點五到一之間，並不算多。然而無論是哪間公司，都至少會有一兩個這類型的老頭主管，讓人很難接受這種人居然只占百分之一。所以換個角度來考量，有很多人並不是天生的老頭，而是慢慢「變成」老頭的。

天生的老頭只是少數，其他的老頭主管原本並沒有老頭性格，而是一點一點充滿老頭味的。推論到最後就可以知道，在生活中倚靠這種老頭性格的態度，對於適應這個社會的文化、體制還有權力組織非常有利。假如老頭戰略不利於在目前的工作環境生存，現在我們就不可能碰到這麼多的職場老頭。正是因為有確實的益處，這股老頭氣才會不斷擴散，我們的社會也成了為老頭戰略提供充足養分的培養土。

如果是天生的老頭，不管他面前有沒有掌權者、不管在任何狀況下都會是老頭。他們的腦袋自始自終都是那樣成形的。可是後天養成的老頭，會等到自己手中握有權力、處在絕對有利的立場時，才展現出自己的老頭屬性。很多老頭主管都是帶著這種機會主義才爬上高位的。

這些人一旦失去權力，立刻就會從氣焰囂張的老頭蛻變成卑躬屈膝的平民。從某些方面來看，他們是相當值得被人憐憫的人，因為不是靠自己的實力、工作能力和成績來過生活，而是寄生在名為權力的外殼中罷了。

面對在職場裡越來越多自以為是的老頭，我們應該如何應付呢？

1 儘可能不要理他，專心做自己的事就好

自以為是的老頭主管會把自己當成世界的主角，不斷分散所有員工的注意力。但與其陪他打混，不如專心做自己的工作。所以只要稍微配合他一下就好。接下來不管你是要把頭埋回螢幕前面、掛在電腦上，還是用各種文件把臉遮起來都好，用工作當藉口躲開他吧！

2 不要正面跟他槓上

不管你的老頭主管是天生的，還是利用權力學到的後天機會主義者，只要他是你的主管就不要跟他正面起衝突。這類型的人在報仇這方面擁有天才般的才能和熱忱，尤其是相信「我自己很偉大」的強勢老頭，在公眾場合最好都不要提出反對意見，否則就算你已經決定要離職，他也會持續折磨你，直到你真正消失在他眼前的那天。

面對自以為是的老頭主管時，皺眉或提高嗓門也不是正確的解決之道。當你被冤枉、覺得委屈的時候，要是使出這些方法，你就會知道這招完全沒用，只能親身體驗到老頭主管的卑劣本性而已。建議還是要採取迂迴戰術對付他。

3 反正他是改不了的，就儘量讓自己保持平常心

老頭主管會不間斷地主張自己比別人更優越，貶低其他人，追求權威主義，也會冷酷地咬住別人的弱點不放。把人玩弄於股掌之間更是他們極大的特徵，所以必須要能預先料想到他們這樣的行為。

雖然我們常常會被氣到心裡的火一發不可收拾，但自以為是的老頭主管絕對沒有改變的那一天。不管他是因為頭腦構造本來就那樣，還是因為掌握了權力的滋味而變成了那樣，他們都不會有改過自新的時候，所以重點是不要讓自

己發怒，用盡最大的努力保持平常心就好。

4 完全不用跟他訴說苦衷，因為他根本聽不懂

假如我們現在正因為老頭主管感到痛苦又心累，滿臉疲憊的我們決定把自己的心情坦白地告訴主管，他也只會左耳進、右耳出。嚴重一點，他可能還會回我們：「我比你辛苦多了。你身為下屬，不是應該要好好地安慰主管嗎？」跟他們打開天窗說亮話是行不通的，絕對沒有效，連試都不用試。跟他說再多也只是浪費口水罷了，他根本無法接收到你的不滿。

5 努力改變我們所處的環境而不是他這個人，狀況會好一點

身為基層職員的我們，要是碰到老頭主管就沒什麼好說的了。不過，如果我們和他們之間還有聽得懂人話、人格正常的中間主管，或是有比他們職位更高的上司願意傾聽我們意見的話，就可以採取迂迴戰術稍微壓下他們身上囂張的氣焰。尤其是對付那些後天成形的機會主義老頭特別有效，這是因為他們在權力面前會選擇卑躬屈膝的緣故。

當然，擅長報復的老頭主管們會四處奔波、努力追查是誰去向掌權者打小報告。不過我們也不能一味地被欺負都不還手，對吧？

有人可能會覺得這些解決方法有說跟沒說一樣，但實際上的解決方法就是這麼少。如果我們遇到的老頭主管症狀不算嚴重，共事的時間久了說不定他還能聽得懂人話，甚至願意偶爾接受一下別人的建議。而且要是他的權力被壓制，還有可能在我們面前展現出可憐的一面。

然而，面對老頭病的重症患者無論用什麼方法都行不通，只能間接使用迂迴戰術。重點是絕對不要忘記：身陷這種職場困境中，並不是因為我們有哪裡做錯，或是工作能力不夠，真正問題的根源是出在那位自以為是的老頭身上。

老頭主管的應付對策

- ☑ 儘可能不要理他，專心做自己的事就好
- ☑ 不要正面跟他槓上
- ☑ 反正他是改不了的，就儘量讓自己保持平常心
- ☑ 不要企圖想跟他訴苦
- ☑ 應該要試圖改變環境而不是他這個人

總是在發飆的暴躁主管

發飆原因

☑ 社會的結構和體系默許人在公司裡發飆

☑ 公司的領導力教育訓練非常貧瘠

☑ 因為弱點被揭穿而惱羞成怒

☑ 個性上喜歡利用發洩憤怒來當作工作手段

在職場遇到的神經病故事

陳主任在一間家族企業工作已經超過十年了。不過自從老闆的太太（就是老闆娘）開始來上班之後，不斷對一些芝麻綠豆大的事大驚小怪，導致陳主任現在只要一想到公司就會開始心律不整、冷汗直流，都快成了習慣。甚至曾經一邊想著職場生活，突然就在自己的位子上默默地掉下眼淚。

陳主任一開始是從基層職員開始做起，除了製造產品的產線和業務工作之外，幾乎所有內部的工作他都經手過。雖然公司規模小，升遷和加薪的體制並沒有那麼完善，不過老闆人很好、很照顧員工，同事之間關係也不錯，一直以來的工作氣氛都相當溫馨。而且在這樣的團隊合作之下，也得到了很好的成果。

從兩三年前開始，公司慢慢開始擴展規模，賺的錢也越來越多。因為行政管理的工作量也增加了不少，所以老闆決定請老闆娘來上班。聽說老闆娘之前是在另一家公司當會計。

老闆娘出現之前，老闆還特地找了所有員工過來，向大家介紹一下老闆娘這個人。老闆說：「她很內向，雖然有時候會稍微感性了點，不過她很聰明，人也很好。」陳主任也開始期待老闆娘會是一位個性跟老闆很像的好人，不過實際上見到本人時卻覺得她有點冷淡，外表看起來的確是個內向又文靜的人。

在老闆娘上班一個禮拜之後，某天老闆和重要的核心員工到外地出差，而老闆娘正在和會計公司講電話。不知道是不是話筒另一邊的會計師說了什麼讓人煩躁的話，老闆娘的聲音越來越大。接著她突然對著電話大吼大叫：「靠夭！你這可惡的混蛋！你這種人憑什麼和我們一起工作！」

她直接用摔的掛斷了對方的電話。雖然對方是外部合作的會計公司，但過去十多年的合作期間一直都相安無事，所以當老闆娘吼出令全場震撼的難聽話時，所有員工都面面相覷，彼此掛著「完了！」的表情望著老闆娘。

老闆娘看了一下周圍，臉上依然表現出剛剛吼得臉紅脖子粗的狀態，再次大罵了起來：「喂，你們這些下三濫！沒見過別人發火嗎？看什麼看！還不快去做自己的事？」

辦公室裡的所有人瞬間都低下頭。以前在這間公司裡工作的每個人，包含老闆在內，從來不曾有人對一起共事的人大發雷霆、說出這麼沒禮貌的話，因此所有人臉上都同時傳達出不知所措的訊息。老闆娘大步走出辦公室，碰地一聲用力摔上門，那聲音大到門都快裂開了。

過了兩三個小時之後，她又帶著溫和的表情走進來，向大家道歉。「大家，真是抱歉。剛剛那家會計公司一直想欺騙我們，他們實在太過分了，我才會那麼生氣。你們可以體諒吧？」

可是沒兩三個禮拜，老闆娘又因為一些讓人意想不到、莫名其妙的原因發脾氣。有一次，她把陳主任交給她的裁決書摔到桌子上，夾板立刻斷成兩半；某天下午她跟老闆意見不合，就把隔壁同事位子上用來區隔座位的家庭照狠狠掃到地上，相框當場被砸得粉碎。

還有一次老闆娘正在氣頭上，陳主任為了安撫她，鼓起勇氣小小聲對她說：「老闆娘，希望你深呼吸一下，別那麼生氣……」結果講話講到一半，老闆娘突然用力地捶桌子，敲得砰砰作響，同時嘴巴還不斷吼著一般人難以啟齒的髒話，陳主任只能站在那裡聽她罵了十分鐘。

每次老闆娘一生氣她就會瘋狂地飆罵，然後狠狠摔上辦公室的門並離開，而且一定會在過了兩三個小時之後帶著食物回來，一直重複向大家道歉。

老闆娘只有在道歉的時候才會展現出溫和的一面。隨著她每次發飆的時間間隔越來越短，辦公室裡的員工們也越來越害怕，一天比一天沉默，臉上總是掛著小心又恐懼的表情。

陳主任身為資深員工，認為沒有讓老闆了解大家的難處的話，大家會越來越辛苦，於是在老闆娘再次爆炸的隔天，他小心翼翼地在老闆面前提到了老闆娘在辦公室裡的工作狀態。老闆表示他不知道發生了這樣的事，除了代替老闆娘向員工們道歉外，也承諾會跟她好好溝通，不會再發生類似的事。

然而，隔天陳主任上班卻看到老闆娘用腳踹他的電腦，同時一直鬼吼鬼叫。

有些上班族認為，在公司裡最不想碰到的人就是這種有「憤怒調節障礙」的人。公司又不是在玩什麼絕地求生的槍戰遊戲，這些人卻總是想拿著槍把身旁的同事爆頭。

公司不是戰場、同事也不是軍人，所以當大家工作成果不理想、或底下員工不小心犯錯的時候，主管就算要指責也不應該表現出過度的憤怒，這些激烈的負面情緒也不是同事之間需要承受的。暴躁主管的行為完全不合理，反而應該受到譴責。

當然事情不順利的時候，負責這件事的人可能會受到一定程度的指責，過程中也可能會因為越想越生氣而越講越大聲，可是當這種憤怒的表現持續太久、頻率太高，或是太誇張時，就需要被修正。

最近人們熱烈討論的職場霸凌行為中，就包含了這種失控的暴怒行為。例如某家航空公司的老闆娘，就因為情緒失控的情節過於嚴重而被告上法院。然而，雖然這類的事開始受到關注，如今很多公司裡還是有主管會毫不保留地隨意爆出他們的怒氣，我們姑且把這樣的人稱為「總是在發飆的暴躁主管」。

總是在發飆的暴躁主管，為什麼能在公司裡生存呢？

1 我們的社會不僅默許，甚至鼓勵在公司裡發飆

這個原因講起來有點辛酸，但這的確是主管們敢隨心所欲在公司裡發飆的最大主因，我們的公司甚至會鼓勵他們表現出憤怒情緒。雖然不知道這樣的文化是從何時開始的，但整個社會長期以來都把基層職員當成「統治或管理」的對象。

即使不借用米歇爾・傅柯（Michel Foucault，二十世紀法國思想家）的言論，這社會本能上也知道統治最簡單的方法就是讓人明白「恐懼」，進而「自發向上」。這種思考方式也許是源自於帝制時代掌權者與一般老百姓的差別待遇，或是源自於殖民時期殘酷又嚴厲的管理方式，也可能是出於軍政府文化。就算無法追溯最正確的起源，但利用恐懼讓人變得聽話這種不良的文化，確實存在於我們社會，也仍然影響著企業與公司文化。

雖說現在已經改善許多，可是直到西元兩千年初期還是常常聽到公司裡有主管會踢員工的小腿、或是開會開到一半突然砸杯子的情況。

現在四、五十歲的人（大略是公司的中高層主管），在學生時期受到老師們暴力性質的體罰算是家常便飯，男性們在當兵時也受到相當粗暴的對待，於

是他們便在這個過程中學到了如何利用憤怒情緒將恐懼傳遞給對方，並達到統治及管理的效果。

幸好整體社會風氣在認識到這種暴力態度會造成多大的問題後，解決方法漸趨完善，因此擺脫這類惡習的人也大幅增多。然而還是有不少人不願意改變，依然不斷使用同樣的方法管理公司，而我們的團體文化也默許並合理化了這種情緒暴力。從社會新聞中時常可以看到類似的暴力糾紛，就可以知道社會表面上是一點一點地改善，但速度卻非常緩慢。

2 整個社會依然崇尚「溫情主義」

從另一個觀點來看，「責備勝於處罰」的想法也助長了情緒暴力的傾向。正常的公司在面對經常犯錯、應該負起責任的職員時，最正確的處理方式是依照公司規範按損失的比例計算，給予適當的罰則。

如果員工是蓄意犯錯、錯誤事實明確，而且造成公司損失的話，就向員工要求賠償；假如是在人際關係方面鬧出問題，就要求他離開公司；萬一是業務上有重大缺失、還是經常性的累犯，就要反應在人事的考核上。

然而，我們的社會聽到這種處置方式卻認為：「太沒有人情味了！怎麼這麼冷酷無情！」就像這樣，比起正式公開的處罰，整體的社會風氣更喜歡溫情路線，用人情來經營公司關係，也因為比較感情用事，讓公司裡的上位者也習慣選擇在私底下用責備、飆罵、讓人沒面子的方式對待犯錯的員工。這也是暴躁、情緒化等問題會持續存在於公司的原因。

相對地在外商公司裡，如果你犯了錯，主管和同事仍然會帶著溫和的表情、用溫和的語氣對你說話。主管也幾乎不會發洩出憤怒情緒，他會用冷靜的表情和語氣告訴你：「因為你犯了這樣那樣的錯，所以公司會讓你減薪（或是降職、離開公司）。」

在這種情況下，我們需要面對的只有錯誤行為造成的問題、結果本身，和隨之而來的責任。處分流程透明公開，而且在工作之外也不會有任何人會出口侮辱對方的人格，所以有些人認為這樣的工作模式是更理想的。不過當你身處其中時，可能也會覺得壓力很大，因為一旦犯錯就幾乎沒有可以轉圜的餘地。

為了糾正或是彌補錯誤的態度和行動，終究還是必須從處罰和責備當中選擇其一。如果公司文化是追求像「家人」一樣的工作氛圍，就會選擇責備和發怒的方式而比較不願意懲罰，西方的職場文化則是賞罰分明。所以，如果主管是出於這樣的原因而選擇責備員工，看起來也會像總是在發飆的暴躁主管。

3 沒有經歷過最基本的領導力教育

不是所有會發脾氣的主管都被稱為「總是在發飆的暴躁主管」。如果主管平常努力與員工溝通、聆聽底下反映出來的意見，願意釋放出權力與責任的話，即使偶爾有一兩次莫名其妙發火，團隊成員也會給予最大限度的理解和體諒（不過身為主管或負責人對底下職員發火這種事，就算只發生一次也很明顯是不對的）。我們的社會中有很多總是在發飆的暴躁主管，這同時表示有很多人都選擇用發脾氣的方式來解決問題，簡單來說就是領導能力不足。

領導者也是人，當然可能會生氣，也可能對職員不滿。就算當下有適度表達出憤怒的必要性，但如果在全體員工面前對著某個特定職員發飆、侮辱對方的人格，太過頻繁或持續太久的話，就表示他雖然站在領導者的位置上，卻不具備該有的領導力和資格。

一般來說，規模夠大的企業會針對領導力持續進行進修教育，在選擇領導者時也會同時評估各方面的綜合指標，出現暴躁主管的機會也相對會比想像中少。即使真的有天生個性這樣的人，也不容易淪為暴躁主管。因為中間跨了好幾層的管理階級，等他爬到高層主管位置時，已經經過了充分且徹底的領導力教育，管理方式也會跟著變得優雅成熟。這些人即使心中產生了憤怒情緒，也能保持冷靜。

不過要小心的是，他們的報復能力不容小覷，當然他們不可能會像街頭的黑道老大一樣施暴，卻會像冷酷的殺手一樣伺機而動。有人可能會想問：「好好接受過領導力教育的人，還會像是冷酷的殺手嗎？」

領導力教育的關鍵在於領導者一定要學習並訓練自我管理，不過大多數公司卻不願意對此投資，非但不以領導力來評估主管及員工，也沒有明確的升遷制度，造成主管們只學到了相對容易上手的「暴怒技能」。

到目前為止，我們從社會特性的角度談論了暴躁類型的主管。然而，無論外在環境再怎麼能激發人的暴怒潛能，依然有許多主管職的人懂得如何適度管理自己的情緒。單純的外在原因是不會讓主管變身為暴躁人的，也需要把他們的人格特質考量在內才行。

總是在發飆的暴躁主管，主要有哪些人格特點？

1 弱點被揭穿而惱羞成怒

公司企業的體制跟社會文化不盡相同，有些人會在無意識間企圖掩蓋自己的弱點，或是當別人踩到自己的痛處時就會開始火冒三丈。只要滿足特定的條件，這些人就會原地爆炸。我們觀察到這樣的現象時會說他「有自卑情緒」或「可能是創傷症候群」，但實際上有更多時候他們是無緣無故地讓情緒爆發。

站在受害者的立場時，我們完全無法預期暴躁人會在什麼樣的時間點爆怒。舉例來說，有個男主管，他太太的薪水比他高得多，因此造成了他的自卑情緒，所以當他在公司裡看到穿著打扮很像他太太的人，就會開始針對那個員工的工作內容大發雷霆，完全不講道理。還有另一個案例，是主管看到某個員工跟自己在當兵時要好的長官長得很像，於是一看到他就喜歡談到他當年入伍的故事，可是當這個主管回過神來，發現自己讓員工在上班時間一直閒聊打混的時候，他就會突然開始發火。

被飆罵的職員並不知道主管和太太的緊張關係，也不知道主管跟他軍中長官有什麼故事，就莫名其妙地挨罵了。絕大部分無法控制憤怒的暴躁型主管，問題都出在他們自己身上，但連他們也不清楚自己心理上的引爆點是什麼。

這麼說來，也許和暴躁型主管一起工作最容易讓人覺得荒謬吧！因為根本沒有人知道問題的原因出在哪裡。這類情緒失控的狀況不像其他神經病問題那麼頻繁、持續那麼久，屬於間歇性發生，但每次遇到的情況也比其他類型的問題更嚴重一點。

2 享受發洩憤怒的快感

雖然不是所有主管都屬於愛發飆的暴躁型主管，但有些人卻會把「暴怒」這件事當成自己經營人際關係的核心戰略，甚至樂在其中。要待在這些人身旁跟他一起工作，真的是件很可怕的事。這些人主要是為了展現自己的強項、優勢和權力，想讓員工感到恐懼，才選擇了這種作戰方式，或是因為看到對方瞬間驚慌又受挫的表情時十分享受，而讓自己的憤怒暴發出來。

他們失常的程度甚至會讓人覺得：「這種人該不會真的是精神病患吧？」不用懷疑，他們真的是！我們會不確定是因為腦海中浮現出精神病患時，第一個想到的公式就是「精神病患者＝連續殺人犯」。已經嚴重到非常享受發洩情緒的人，在現實社會中只占了極少數，不過擁有這類傾向的人可比我們想的要來得更多，尤其慣用冰冷手段追求業績的企業，其中暴躁型主管的比例相對於一般來說高出許多。

另外，即使沒有神經病傾向，但強勢以自己為中心、或是表現出強烈優越感的人，在想使喚別人跑腿、打雜的時候，也經常利用憤怒這一個手段。

一般具有神經病傾向的主管會沒有認知到、或故意不去認知到憤怒對象的情緒，然而自我優越感很強的暴躁主管則是明明已經知道了對方情緒，還認為「這是可以利用的大好機會」。所以可以說，這種蓄意發洩情緒的人比一般的神經病主管更糟糕。

當然無論是哪一種類型的暴躁主管，都會逼瘋受害者。不過為什麼還要說明這兩種不同的狀態呢？因為憤怒情緒總是令人恐懼，也讓人感到厭煩。而對方如果只是中等程度的瘋子，他發火時我們有機會還是會想要與之抗衡一下，但萬一對方是個徹頭徹尾的瘋子，直接閃人、不正面迎擊才是上策。

那麼，我們該如何應付總是在發飆的暴躁主管呢？

1 第一原則就是要保護好自己的尊嚴

萬一我們真的在工作上出現失誤，也有該被責備的地方那就無話可說了，但要是根本沒有明確的原因讓主管生氣，而且主管一而再、再而三、長時間地處在極度憤怒的狀態，還從他的言行當中感受到他對我們人格上的侮辱或暗藏輕視的時候，就要知道我們真的遇到了辦公室裡的無敵神經病。

這時候千萬不要心想：「雖然我不太清楚原因，但我應該真的有什麼地方做錯了吧！」

總是在發飆的暴躁主管不只對我們這樣，對其他人也會用同一招發洩他的怒氣。簡單用一句話來說，他就像是人形天災，不小心碰到他就會受到很大的災害和損失。我們並不需要因為颱風來襲或打雷閃電而開始貶低自己對吧！

2 沒必要讓他的憤怒變成我們的憤怒

韓國有句話說：「在鐘路被搧耳光，到漢江洩憤。」*指的就是這點。憤怒這種強烈的情緒具有傳染力，不斷重複的話，傳染力的強度更是會節節高升。人一旦生氣，怒氣就會帶來更多的怒氣，到最後一發不可收拾。公司裡的憤怒情緒也是一樣。我們要先斬斷自己的憤怒，這樣當我們必須承受從主管而來的憤怒時，我們才不會受傷，也才不會傷害到面對我們的其他人。

當我們不得不承擔來自於主管的怒火時，因為覺得委屈、無法接受，我們也會打從心底開始不爽。這時無論是要找個可以理解我們的人聊聊，或是把這些荒謬的事寫在IG、FB上發文都可以，一定要找到方法平息內心的火氣。

最重要的是，在這過程中與其著重在「這個主管有多麼瘋狂、我有多麼委屈」，不如專心思考「我現在當下的心情狀態如何，我受到了什麼傷害，我應該要怎麼安慰自己」會比較好。

*譯註：意思相似於「踢貓效應」（Kick the cat），是指對弱於自己或者等級低於自己的對象發泄不滿情緒而產生的連鎖反應。（資料來源：MBA智庫百科）

雖然很難做到，但專注在我們自己的心情上，會比專注在暴躁主管身上或他的憤怒上更來得有幫助。

3 不要正面對抗、不要完全迴避，最好把壓力轉移到別的地方

實際上如果真的有暴躁主管在我們面前暴跳如雷的話，每個人都會感到驚慌失措。尤其是當著很多人的面時碰到這種狀況，的確會覺得快瘋了。這時有些人就會想發脾氣、跟他正面對抗，或是不分青紅皂白、無條件認錯，想要息事寧人。不過這兩種方法都不是很好的戰略，首先我們該做的，是在當下把壓力轉移到別的地方。

我認識一個朋友，他的主管常常對他部門的員工們發飆，每天始終如一。相反地，這位主管卻對隔壁部門的部長畢恭畢敬。我朋友知道這點後，當自己的主管又開始在暴跳如雷時，他就會打電話拜託隔壁部門的部長，請他來跟自己的主管討論工作上的事。雖然我們無法阻止主管的暴怒這件事本身，卻可以縮短這件事維持的時間、降低強度，也可以減輕其他同事們的憤怒情緒或意志消沉的狀況。

憤怒應該要從「思緒邏輯」來理解，而處理憤怒爆發的方法也要從改變他的「思緒邏輯」下手，這就是最好的戰略。

4 不要激動，也不要擺出防禦性姿態

要是在暴躁主管發飆的時候，你也同樣變得很激動、提高音量的話，後果會不堪設想。主管的憤怒加上我們的憤怒，會帶來更多的憤怒，如此一來只會讓事情變得更難收拾。而再怎麼強烈的怒火，只要時間一久就會平息下來，所以也沒有必要卑躬屈膝地說「是、是，對不起，都是我的錯」（萬一確實做錯了就應該要道歉，不過這裡指的是暴躁主管毫無邏輯隨便發火的狀況）。

從我們口中說出「我錯了」或「對不起」的瞬間，暴躁主管的行為就獲得了正當性，變成了他理所當然該做的事，也會讓我們自己變成罪人。

請先靜靜聆聽主管充滿火氣與憤怒的談話，並保持抬頭挺胸的姿態，聽完之後再開始冷靜地回話。如果當下完全無法保持冷靜，就待聽完主管的話後簡單說句「我知道了」，之後再整理後續的情況就好。

說「我知道了」的意思並不表示「我了解你憤怒的原因」，而是「我知道你現在正在發脾氣」，這樣也有助於稍微減少我們內心受到的傷害。

有些暴躁主管會在發飆的同時不斷質問對方：「你知道我現在在說什麼嗎？你承不承認我現在說的才是對的？」面對這種強迫對方認同的說話方式，絕對不要說出「我認同你」或「我不承認你說的」這類的話。只需要冷靜地提到跟他生氣的事情有關的客觀情況或數字就好。說話的語氣也絕對不能表現出

認同的態度。因為暴躁主管一旦接收到你認同他的訊息，他往後就會更加頻繁地使用憤怒戰略。

5 先退一步，再思考那個狀況的答案

在主管暴跳如雷的當下，不要馬上思考那狀況和解決方法是什麼。因為主管的憤怒也會觸發我們自己的憤怒情緒，在這種狀況下得出的解決方法也會變得奇怪。比較好的替代方法，就是等整個狀況結束，我們的心情也穩定下來之後再思考也不遲。

沒有明確的理由，卻不斷地爆發極度憤怒情緒的人，一般都是膽小鬼或病患。而且憤怒這種情緒相當神奇，瞬間就可以讓很多人受到傷害。在對方暴怒的瞬間，找到可以降低他憤怒強度的方法，就是當下的答案。而當主管發完脾氣之後，該要第一順位優先處理的就是治療我們心中的傷口。

要是因為那個人的關係，連我們自己也陷入憤怒情緒的話，會讓我們身旁的人也跟著變得辛苦。

6 如果狀況非常嚴重，就需要尋求外部的協助

如果只是一般生氣的程度，我們都可以忍受得了，然而要是不斷聽到侮辱

我們人格的言論，或是實際上人身攻擊的威脅，就需要尋求外部的協助。

我們都希望一輩子當中最好不要遇到這種事，但人活著怎麼可能連一次都沒碰過類似的情況呢？不要太過擔心自己在這件事結束後職涯會變得如何，先尋求外部的協助吧！只是一味地低頭、忍耐，勉強撐著自己繼續工作下去，絕對不會是正確答案。

暴躁主管的應付對策

☑ 第一原則是要保護好我們自己的尊嚴

☑ 要小心別讓他的憤怒變成我們的憤怒

☑ 必須找到能減少壓力的方法

☑ 不要跟著變得激動，或擺出防禦性姿態

☑ 事發當下不需急著找解答，先等狀況結束之後再煩惱

☑ 尋求外部的協助也是方法之一

擅長被動攻擊的偽君子主管

你要是趕時間就先下班吧！
（os：下次你就死定了）

特徵

☑ 工作能力撐不起職位
☑ 極度沒有安全感
☑ 嫉妒心和攻擊性強烈
☑ 不想面對問題

在職場遇到的神經病故事

在公家機關上班的彭組長，想到同一個部門的張課長時就覺得無奈，也完全無法理解這個人。張課長是個善良的人，即使遇到討厭的事也不會擺出討厭的表情，對別人艱難的處境也相當有同情心。彭組長剛調到現在的部門時，身旁的人都豎起大拇指稱讚張課長，也羨慕彭組長可以放心地跟這樣的上司一起共事。

然而，對於上班時間非常專注，拚命積極工作後想要準時下班並擁有自己時間的彭組長來說，張課長反而是一個很大的絆腳石。張課長雖然善良，腦袋卻不太清楚，沒有一件工作可以準時完成。即使事先拜託他趕快批閱公文或準備相關報告，他也只是露出好好先生的表情答應，工作卻仍舊一直拖延。

一開始張課長還會因為自己耽誤了工作而表達歉意，並要彭組長先下班回家。但彭組長的責任心很重，已經做到一半的工作要是沒有好好收尾就無法放心下班，所以他都會待在張課長身旁思考用什麼樣的方法可以提升他做事的效率，也會幫他做好補充資料。每當這種時候，張課長看起來都很努力想提升做事速度。

可是張課長再怎麼努力還是每天加班，即使是跟彭組長有關的工作也沒辦法快一點完成。一開始再晚也應該在八點左右結束的事，常常會做到超過九點。後來有一次彭組長受不了，忍不住對張課長發火，問他是不是太過分了，結果情況不但沒有改善，從此之後張課長乾脆讓彼此天天都超過十點才下班。每天張課長都不忘告訴彭組長：「你要是趕時間就先下班吧！」

彭組長實在忍無可忍，於是向部門負責人提出建議，希望工作上可以跟張課長徹底分開，不過得到的答案卻是：「我們人事的組織結構上無法這樣處理。」在彭組長向上層報告之後，張課長仍舊每天帶著一臉抱歉的表情對他說：

「你要是趕時間就先下班吧！」

就這樣過了好一陣子。某天彭組長因為晚上有一場非常重要的聚餐行程，所以提早向包含張課長在內的所有同事表示自己當天必須準時下班，請大家諒解。到了那天下午五點左右，彭組長完成了自己負責的所有工作，只要讓張課長批閱過就可以準時下班了。這時候隔壁部門的曾課長突然過來，說張課長在外面開完會要回公司的途中，爬樓梯的時候滑倒被送去急診了。彭組長立刻去找可以代為批閱的人處理必須要簽核的資料，也和張課長通電話確認他的狀態之後向部門負責人報告，這天不要說是準時下班了，反而比平常還要晚了好一段時間才好不容易離開公司。

過了幾天之後，隔壁部門的曾課長小小聲地把彭組長叫了過去跟他說：「張課長好像是因為你對下班時間太過敏感，承擔了不少壓力。那天他傷到腳踝被送去急診室，聽說血壓也太高，還有憂鬱症的症狀，需要多休息幾天才能回來工作。我知道最近的年輕人都想要準時下班啦，可是為了自己想準時下班，也不需要讓上面的人那麼難做啊！我就是提醒你個一兩句。我昨天去探望張課長，他說他因為你的關係，最近這段時間都很辛苦，可能是因為這樣，那天才會突然暈眩滑倒的。」

彭組長聽完這番話之後，完全無法理解與接受。最近這段時間以來，他並沒有要求準時下班，也沒有再對此說過什麼，只是覺得張課長習慣性加班的狀況不太好，做事速度太慢讓他也跟著受苦，內心有點崩潰罷了。

張課長說的是什麼荒謬的言論？而且既然張課長是他的直屬主管，為什麼不能把這番話直接告訴他，還要把隔壁部門不相關的人一起牽扯進來？

又過了幾個禮拜後，張課長終於回公司上班，而彭組長也變得像以前一樣必須再度加班。天天都在等張課長批閱公文的彭組長，覺得自己待在他旁邊苦等的時間很難熬，也因為聽了曾課長的話之後覺得尷尬，所以他乾脆到外面吃完晚餐再回辦公室。結果他在回辦公室的路上，透過落地窗看到張課長的螢幕畫面根本不是工作的內容，而是線上圍棋遊戲。

面對有地位、有權力的人，要跟他抗衡是一件非常不容易的事。不要說是跟他吵架了，連要提醒他哪裡出錯了、問題該怎麼解決都相當困難。所以平常人要是從位階比自己高的人身上受到了很大的打擊，可能就會想要用迂迴的方式小心翼翼地報復。像是青春期的孩子為了反擊媽媽的嘮叨，進房間的時候就會碰地一聲摔上房門。或是下屬故意（也可能真的是不小心）把主管需要的資料稍微弄亂再裝作不知情的樣子。

就像這樣，沒有直接表現出自己的憤怒或煩躁，而是選擇繞一圈來攻擊對方的手段就叫做「被動攻擊（Passive aggression）」。一般來說，很難直接表達自己情緒的弱者或是基層職員，比較容易會採取這種迂迴報仇的戰略。因為害怕跟權力大的人正面對抗，又做不到輕易放過對方，所以弱者採取這種反擊的方法是完全可以理解的。

我自己剛步入社會的時候，也曾經因為不合理的原因受到來自於主管的刻意打擊，因為覺得太委屈了，當時甚至連眼淚都差點流了出來。偏偏很剛好地，隔天我在上班途中發生車禍，被送到醫院治療，當然那天就沒辦法進公司把工作處理完。那時主管不只連一句「你沒事吧？」都沒說，還反過來責備我為什麼不小心出了意外，讓工作都落到他頭上。又不是我自己衝進車底下被撞的，綠燈時我好好走在斑馬線上，還是有車違規開過來撞我，我能怎麼辦？

奇妙的是，自從這件事情發生以後，每當我因為主管心生怒火的那天，就會有哪裡受傷、或發生什麼意外，像是騎腳踏車滑倒、從樓梯上摔下來等等，屢試不爽。現在想想，我也許是在無意識之下用身體對主管使出了被動攻擊吧！就像青春期的國中生說「我才不要吃飯！」實際上肚子卻餓得要死一樣，我也在自己沒發覺的狀況下做出了類似的舉動。

這種被動攻擊，是指在有意識或無意識下，針對讓你生氣的那個人進行小小的報復。這種被動攻擊通常出現在弱者身上，不過也有主管會用來對付底下的員工。有人可能會心想：「不是吧？這些主管明明掌控了權力，幹嘛要發動被動攻擊啊？」不過實際上我卻碰到過很多類似的案例。

現在就讓我們來談談這些會針對底下職員開火、後勁強大又擅長被動攻擊的偽君子主管吧！

擅長被動攻擊的偽君子主管，到底是什麼樣的人呢？

1 實際的工作能力撐不起職位頭銜

一般的主管在底下員工遇到問題或工作進度不順利的時候，可以運用職位賦予他的權力採取不同的行動。像是把出問題的職員叫過來痛罵、在開會的時候發火，甚至是在全體員工面前讓某人丟臉，或在人事考核上給出不好的評價都有可能。因為主管職本身便一併附帶了這些權力，所以無論適不適當，主管們在面對問題時都可以直接採取這些手段應付。

然而單純依賴「職位」創造出來的權威並不是非常有效，即便是偶爾一兩次對員工說些不好聽的話，員工也可能甩都不甩。尤其是對於那些能力好或自尊心很強的職員來說，主管說話的分量更是微不足道。即使位居管理階層，也要有跟職稱相當的實力和能力，講話時才有人要聽。喜歡被動攻擊的偽君子主管就是因為缺乏與職位相對應的實力，所以往往沒辦法向員工點出問題所在。

2 個性上極度沒有安全感

所有能力不夠的主管都不敢經常性地發動被動攻擊，因為這些喜歡被動攻擊的偽君子們，基本上個性都極度沒有安全感。

想看出他們是不是在性格上容易感到不安，可以從他們平常情緒起伏是不是很大，或常出現前後態度不一、自以為是的傾向強烈等方面進行確認。偽君子主管認為這個世界應該要繞著自己運轉、人們的關注焦點都要在自己身上，這樣他們才會有安全感；不過實際上並非如此，所以他們的不安才會那麼強烈。而他們正是用對外發動攻擊的方式來緩解這些不安情緒。

觀察他們面對別人的態度、或處理壓力的方式，會發現他們主要都具有「否定、逃避、推卸責任」等傾向，可以看出他們無法直接面對問題的特性。在精神方面也相當不成熟。

他們的不安感不僅僅是暫時性的、或一般的輕微程度，而是會造成實際生活上的問題，這類型的人大約占了整體人口的百分之十八[註3]。其中大多數的人就像前面文章提到的一樣，因為情緒上的不成熟、或是社會地位與能力不符等原因，這類症狀相對較為明顯。

另外還有一些喜歡使用被動攻擊的人並不是出於這種不成熟的不安感，他們的不安屬於「高功能不安」，這些人平常都表現得很好，讓人難以感受到他們的不安來源。

他們工作做得很好，推動力和執行力也相當優秀，個性積極、擅長處理細節，對身旁的人也十分親切。沒有仔細觀察之前很難發現他們的不安，甚至發現時我們也會懷疑是不是自己看錯了。然而他們的心裡充斥並交織著無數的不安與恐懼，總是拚命地想維持自己的社會地位。

他們的眼神不太願意跟人交會，也不擅於拒絕別人。當他們心中的不安、或是對別人的不滿累積到一定程度、無法忍耐的時候，就會開始發動攻擊。只是因為他們還是必須繼續在別人的面前維持好人形象，所以他不會選擇直接攻擊，而是會轉個彎發動攻勢。

像是忘記處理底下員工交代的事。或是員工明明在放假、卻找出一些只有他才能解決的工作（無意識中），還交代他當下就要完成，讓那個員工明明在放假卻一直工作，完全無法好好休息。又或是遴選新職員的時候故意不找部門真正需要的人，讓大家不知所措；在待簽核文件堆積如山的時候，突然說自己跟客戶有約，就外出不見了，讓所有同事都為了等他的簽核而加班。或是等到他要給出重要決策的當天，突然說自己生了重病不能上班等等，類似的狀況都屬於他們的被動攻擊。身為底下員工的我們無法明目張膽地痛罵這種主管，又常常被他搞到日子很難過、天天都煩躁。

這種人在別人面前的確是好人沒錯，但他「身為主管帶給別人的信任程度」絕對是低到谷底，站在員工的立場來說，很難認同他是一個好的領導者。再好的人也無法保證他不會用被動攻擊的手段對付我們，因為如上述情況這種人好又沒有安全感的「高功能不安患者」也不在少數。

3 嫉妒心和攻擊性很強烈

擅長被動攻擊的偽君子主管們，第三個主要特徵就是嫉妒心和攻擊性都很強。他們當中絕大部分的人一旦遇到問題，首先會先攻擊自己（身體不舒服、發生意外、忘了重要的待辦事項等等），最終用這種方式攻擊目標對象——底下員工。不過嫉妒心和攻擊性強的主管們在採取攻勢時會稍微明顯一點，最具代表性的行為就是假裝聽不懂員工在說什麼，或是裝出第一次聽到的樣子。

例如某位員工提出一項重要的提案，那位員工在場的時候，偽君子主管會不發一語，等到那位員工不在時就會趁機做出跟對方提案完全相反的決策。等人回來之後才說：「噢！上次你提出來的案子，我以為結論是相反的呢！真是抱歉。該怎麼辦呢？已經把結論提報給公司，沒辦法更改了耶！」或是「哎！你應該要像這次一樣跟我說清楚啊！上次你說的時候，我還以為你說的是另一件事呢！」用這種方式對付員工。明明之前開會討論的時候就已經講好結論了，他卻還是可以臨時變卦。

受到這種被動攻擊傷害的對象，通常工作表現都很出色、或是在整個部門當中扮演著核心成員的角色。擅長被動攻擊的偽君子主管們基本上都處在不安的狀態中，很難跟旁人維持對等的關係，也因此當底下的員工裡出現可能會威脅到自己的職務、地位或名譽的人，他就會想盡辦法扼殺對方升遷的可能性。

如果說其他類型的神經病主管會明目張膽地攻擊潛在競爭者的話，那麼擅長被動攻擊的偽君子主管就是會迂迴地表現出因為不安而產生的嫉妒。

舉例來說，我們正在負責的事情，主管連半句話都沒說就照他自己的意思隨便處理，還告訴我們：「我是看你那麼忙、那麼累，想幫點忙才這樣的嘛！」結果本來可以按時完成的工作被他弄得一團糟，反而還要收拾善後，讓整件事拖得更久，比之前更累、更辛苦。

不過，與其說他是故意想要暗中動手腳（「我要讓你吃點苦頭！」），不如說這是他無意識之下的行為（「你看起來這麼忙，我來幫點忙吧！」雖然他口頭上這麼說，但其實背後還是潛藏著他想讓你吃點苦頭的想法）。正因為這樣，很多受到攻擊的員工就算心裡氣到快爆炸也很難應付這種情況。

總而言之，雖然我們很生氣，但要是真的對他說了些什麼，只有我們會被同事當成奇怪的壞人而已。

4 絕對不想面對問題

擅長被動攻擊的偽君子主管還有一個特點，就是直到最後一刻也不願意面對問題，只想要逃避。可能是因為偽君子主管缺乏面對困難的勇氣或自信，也可能是因為一直以來都養成了遇到困難就迴避的習慣才會這樣。無論是出於哪種原因，偽君子們只要遇到一點點小問題，就會努力躲開、裝作沒看到等事情過去，他們絕對無法正面看待問題本身。

而且當底下工作能力比較強的員工提出建議時，偽君子主管也不會討論這個意見本身，而是會覺得：「你算老幾？敢對我指手畫腳！」比起解決問題，他們更在意自己的反感情緒。

要正視問題並找出適合的解決方案，在精神上要耗費不少的力氣，而內在精神世界脆弱到會對下屬被動攻擊的主管，當然沒有這種力量可以解決問題。所以他們非但不會解決問題，對於幫忙提出解決方案的人也只會表現出不安和嫉妒心而已。

那麼，他們的被動攻擊有哪些模式？

前面也稍微預告過了，被動攻擊本身就是一種很隱密的行為，並不容易掌握，也因此大部分被攻擊的人根本不會意識到自己正在承受對方的攻勢，只會以為「最近運氣很不好」或是「整個部門的工作越來越錯綜複雜」而已。一直要等到同樣的狀況不斷重複出現、問題嚴重到無法收拾的時候，才會發現原來自己被攻擊了。比較簡單、好分辨的被動攻擊型態如下：

- 完全不把決定告訴相關的職員，還表現出一副什麼都不知道的樣子。
- **假裝聽不懂員工說的話，或是用冷嘲熱諷的態度回覆。**

・講出來的話跟工作完全不相干，只會一直抓跟工作無關的小辮子。
・總是會讓狀況變得很糟，讓員工十分厭煩。
・喜歡在背後說壞話、傳一些不實際的傳聞。
・**讓整個部門的聲譽一落千丈。**

再補充說明一下，被動攻擊也包含偽君子主管攻擊自己之後讓目標對象變悽慘的過程。他明明是部門的負責人，如果底下員工裡有他討厭的人，他寧可浪費自己的人事考核機會或獎金，也要擋下這名員工領獎金或升遷的機會，結果一併毀掉了整個部門的表現和業績。雖然我們很難相信真的有人會做這樣的選擇，但實際上這麼做的人比我們想像中要多得多。

還有另一種更常見的情況，也是這種偽君子主管常做的事。那就是：即使會讓他自己的領導能力備受質疑，他也會在其他部門的人面前不斷貶低、詆毀自己的員工。他就算搬起石頭砸自己的腳也控制不了自己對員工的厭惡情緒，才會做出這種得不償失的行為。

在一片汪洋大海當中，要是船破了洞，最後所有人都會溺死，偽君子主管寧願自己被拖下水一起死，也不願意看到手下的員工獲得成功。雖然這麼說，但他沒有信心、也沒有膽子敢跟員工一對一正面對決，他唯一能做的就是把船挖出一個洞來而已。

究竟該如何面對擅長被動攻擊的偽君子主管呢？

1 要看出他正在發動被動攻擊，也要預先想到這狀況會持續很久

萬一跟我們一起工作的主管非常符合前面提到的症狀，包括不安感很重、實力和經驗不夠、嫉妒心和攻擊性很強、也不願意面對問題，就要知道他一定會發動這種被動式攻擊，也要預料到類似狀況會持續一段時間，這就是解決問題的第一步。

擅長被動攻擊的偽君子，每一次的攻擊分開來看危險程度都很低，所以除非累積到一定的量，不然完全不會有被攻擊的感覺。而且事實上，很多人也常常沒發現自己正在被攻擊。比起察覺到來自於主管的攻擊，反而更常以為：「最近我是不是注意力下降了？」或是「我的工作能力是不是不足？」轉而想從自己身上找出問題的原因。

如果帶有這種想法，就會跟所有領死薪水的社畜一樣開始覺得：「上班很辛苦，被工作綁住的生活真的好累……」結果讓自己工作的成果大打折扣，也會想要離職。到了這瞬間，擅長被動攻擊的偽君子主管就成功達到了他們的目

的。因此，在跟這些偽君子主管共事的時候要提高警覺，不管他用什麼形式，都要預先想到他會攻擊我們，而且這種狀況不會輕易結束。

雖然這些被動攻擊很弱，卻會不斷反覆出現、充滿惡意，而且重要的是會持續很久。剛開始的時候很難確定，我們會覺得這好像是自己的錯，然而只要架好我們的天線和雷達網，就可以發現同樣模式的攻擊一而再、再而三發生，這時就可以知道問題的元凶是誰了。

要想到解決方法並不是件容易的事，可是只要認知到對方正在攻擊我們，並預測到會反覆發生，就可以初步先消除對自己的懷疑，讓我們的自尊不被踐踏，藉此避免最糟糕的情況發生。

2 必須掌握到他多樣化的攻擊型態

前面已經談到了幾個偽君子型主管的案例，但還是有很多時候會因為做得太過隱密，連發動攻擊的本人都不知道自己正在攻擊對方，所以攻擊型態會非常多樣化且不固定。也就是說，每種狀況下都可能會出現好幾種不同的攻擊型態。以下大致整理出五大類的攻擊行為，如果發現主管經常做出這些行為，就可以知道他正在對我們進行被動攻擊。

- 在言行舉止上輕視我們，甚至把我們當作不存在。
- 很微妙地表現出侮辱人的言語和行為。
- 態度和表情總是讓人變得消極或不舒服。
- 表現出不合邏輯的固執和執著，讓身旁的人相當不舒服。
- 他該做的事卻都不去做，或是用奇怪的方式帶過[註4]。

3 千萬不要採取同樣的方式報復回去

面對偽君子主管最重要的就是：絕對不可以採取同樣的方式報復回去。有兩個原因，首先主管可能是在不知不覺當中覺得我們威脅到他存在的價值，所以在無意識之下攻擊我們。這表示在主管的心裡，他連百分之一都沒有認知到自己正在發動攻擊，甚至還有可能一邊在別人面前稱讚我們，一邊默默攻擊我們。

在這種情況下要是我們對他做出什麼反應，反而會讓我們的名聲變差。像是聽到：「那個員工好奇怪喔！每次都跟他的主管鬧彆扭耶！」或是「不是聽說那個職員工作能力很厲害嗎？怎麼在現在的部長底下做事變得這麼拖拖拉拉、簡單的事都做不好？」等類似的話。

還有另一個原因，萬一主管是故意展開被動攻擊的話，要是你用同樣的方法報復回去，他就會覺得之前攻擊你的行為非常正當。如果他揍我們一拳，我們還是好好跟他講話，那百分之百是他的錯，但假如我們也同樣揍他一拳，他就會忘記是他先動手的，還以為自己是正當防衛。

一來一往到最後只會讓我們招來更大的報復而已，再加上主管本來就因為職位之便擁有比較有利的條件，所以謹記絕對不要跟他槓上。

4 用尋求建議或幫助的方式，間接讓他了解問題出在哪裡

雖然被攻擊的我們心情會很不好，但只要稍微低個頭，針對已經出問題的現狀向偽君子主管尋求建議，他反而會藉由這種方式治療心中的自卑、產生「自我優越感」，於是他就會突然變得親切起來。

假如整個部門一起熱烈討論新的工作處理方式時，大家跟主管的意見分歧，開完會後主管開始發動被動攻擊，這種時候，請等過一段時間再到主管面前說：「上次您提到的方案比我們想的方式還要更好、更有效。要是您方便進一步告訴我們具體的執行方法，我們在執行面也可以做得更確實。」用這類的話術拉近彼此的距離，以文明的方式告訴他：「我知道你現在也清楚問題出在哪裡了，我豎起大拇指認同你真的好棒棒，就不要再用卑鄙的手段發動被動攻

擊了！」這種方法雖然有點傷我們的自尊心，卻可以很好地解決問題，得到彼此都開心的結論。

身為上班族的我們很難在每次出狀況的當下就立刻準備好換部門或換工作，如果不想天天都跟主管冷戰、或是發生衝突影響關係，稍微退一步保持停戰協議也是不錯的方法。

偽君子主管的應付對策

- ☑ 要看出他的被動攻擊，也要預想到會持續很久
- ☑ 必須掌握到他多樣化的攻擊型態
- ☑ 千萬不要用同樣的方式報復回去
- ☑ 以間接方式讓他知道問題的狀況
- ☑ 找出可以脫離現狀的方法

不負責任的沒問題先生

特徵

☑ 個性是好人，但是不具備主管的資格
☑ 偏好主導局面
☑ 會迴避風險，也不喜歡新的事物
☑ 誠實、責任心重，卻不懂得變通
☑ 會為了公司和上司努力工作

在職場遇到的神經病故事

產品研發部門的吳課長已經連續好幾個禮拜幾乎每天都在向部長抱怨。近幾個月以來，為了應付對手公司新推出的商品，產品研發部門緊急開發新產品，幾乎整個部門員工都不停加班，連週末也沒得休息。所有職員都一直強烈地建議部長，以後一定要重新安排新產品上市的步調才行。

這段期間每個員工都被折磨得不成人形，好不容易開發出來的產品在市場上的反應還算不錯，慶功宴上部長大聲向所有成員們承諾：「過去這幾個月大家連禮拜天都沒辦法好好休息，真的辛苦了！我會跟公司爭取，至少接下來幾個月會儘量減少產品開發案，也保證往後再發生類似狀況的話，會按照一例一休的規定，讓大家能夠拿到加班費、週末工作的津貼，也可以正常補假，各位不用擔心！」

不過，才隔了一週又收到壞消息。在研發部門跟行銷部門進行下半年新品研發及現有產品升級的會議上，部長連一個企劃或開發案都沒有拒絕，完全照單全收。只因為會議上行銷部門的人大力稱讚部長：「看到你們研發部門在這麼短的時間內就開發出足以跟對手公司一較高下的產品，真的讓我大吃一驚！我十分佩服研發部長你的執行力，希望你們未來也能維持這個開發速度。」部長被稱讚到忘了自己對成員們的承諾，反而還在會議上大喊：「我們未來會進一步提高研發效率和節奏的！」

一起與會的董事長也表示：「聽說你們團隊裡有加班或週末工作的情況，要是在現有工作速度的基礎上可以再提升效率，你這個部長的領導能力也更能被公司認同。」於是部長乾脆重重地點頭，誇下海口說一定會這麼做！

經過這件事之後，所有研發部門的員工都非常生氣。不過大家氣的並不是部長沒有辦法跟行銷部門好好協商。畢竟從公司的角度來看，提高產品開發的速度就是提高公司整體的競爭力，大家並沒有立場反對公司做出這個決定。

可是就在部長答應了所有研發部門員工的要求之後過沒幾天，回到部門竟然理直氣壯地對大家說：「我們這段時間工作都輕鬆就完成了不是嗎？我們團隊的能力這麼強，根本不用加班就能達標啊！」所有同事聽了都大翻白眼，覺得無言到了極點。明明整個部門同事有好幾個月的時間都從早到晚待在公司，簡直都快定居在辦公室裡了，居然還說得出「輕鬆完成」這種鬼話！

後來部長說的話越來越誇張，最後竟然告訴大家：「為了證明我們的效率本來就是那麼高，大家以後都不要加班，週末也不要進公司。我們部門也絕對不會跟公司申請加班費或週末工作津貼！」

結果，明明下半年也像上半年一樣連續加班、不停地在週末工作，卻比之前更難申請到加班費和週末工作津貼。還有一名職員已經連續三個月週末都到公司上班，某天突然在上班途中暈倒、被送進急診室。就在這天，吳課長也決定開始寫辭職信。

上面這個案例提到的主管，其實比起其他辦公室神經病來說要正常多了。他不但是個有人情味、懂得同理對方的人，還懂得傾聽別人的心聲，偶爾也會在同事之間扮演調節氣氛的角色。看到這種個性的人，大家可能都會覺得他是一個很不錯的主管。

然而，要是他真的成了我們的主管，我們絕對不會覺得他還好，甚至會覺得他糟糕得非常徹底。明明一起聊天的時候都掛保證說：「我完全可以理解你的心情，我一定會完整報告給公司的。」最後卻總是無消無息、不了了之，或是面無表情地說出一個出乎我們意料的相反結果。這種看起來好像會幫我們做任何事情，最終卻什麼忙也幫不上的主管，就是「不負責任的沒問題先生」。

首先來檢視不負責任的沒問題先生，在個性上的特點與人際關係上的態度

1 親和力超強的好人

不負責任的沒問題先生很懂得傾聽員工們的心事，對於不同的立場也很能感同身受，加上不具有太強的攻擊性，所以只要跟他相處的時候不牽扯到工作，我們的確會認為他是個不錯的人。

他的態度並不會讓人覺得很假掰，也沒有利用別人的企圖，在個性上相當有親和力。再加上他的情緒穩定，不會突然翻臉或情緒起伏很大，當然也就不會像偽君子主管一樣因為自己沒安全感而去折磨下屬，或是個性太纖細敏感，聽到員工說了一兩句話讓他不開心就大發雷霆。

2 喜歡站在領導的位置主導局面

大部分的沒問題先生都喜歡讓自己站在領導的位置主導局面。處在人群當中時，也喜歡把焦點帶到自己身上，並積極地表達出意見。但也不至於笨到或幼稚到為了引起注意而做出太白目的行為。除了個人主張強烈，也十分享受與人相處，而且相當擅長做口頭承諾，只是常常都是空頭支票而已。

3 不喜歡承擔風險，也不喜歡新的事物

不負責任的沒問題先生很少會積極選擇風險比較高的工作。無論是面對新出現的工作，或是要學習新的事物，意願都非常低。舉例來說，如果底下職員提出了新穎的工作理念，或是公司想引進新系統等，沒問題先生都會抱持否定的態度，真的需要考慮新方案時，想法的靈活度也會大幅下降。

總而言之，沒問題先生只想努力維持並傳承既有的方法。對於個性積極、

主動性較高的員工來說，在沒問題先生手下做事常常會遇到很悶的狀況。

4 誠實、責任感強，卻十分不懂得變通

毫無疑問地沒問題先生很誠實，對於自己被交代的工作責任感也很強，會想盡辦法完成。他們喜歡遵守定好的原則和計畫，特別重視業績和成果。說的誇張一點，沒問題先生為了完成上層的指令，甚至會願意豁出自己的生命。

但他的問題在於執行面相當不懂得變通。因此，以底下員工的立場來說，主管對自己的工作誠實、有責任感是好事，不過因為變通性太差，所以經常讓人覺得他冥頑不靈。

5 會為了公司和自己的上司努力工作

沒問題先生雖然也喜歡追求自己的成功，不過他更重視整體組織。不是那種只在上司面前展現熱血、忠誠的馬屁精，也不會看上司的臉色演戲，他們認為自己身為公司大家庭的一員，就需要盡全力完成公司交代的使命。總之，他們只在意他們心中認定的那種責任感。

・讓別人認為他誠實、有責任感。
・喜歡為了公司鞠躬盡瘁，也能對別人的處境感同身受。
・有很多讓人覺得鬱悶的地方，非常追求完美主義、原則主義。
・自己的主張強烈，喜歡誇下海口給予承諾。

雖然上面列的這些條件十分嚴苛，有人可能會懷疑：「真的有這樣的人嗎？」不過假如我們的公司或部門相當推崇細心、有責任感的工作態度，或是以業績為重，沒問題先生的比例就會占所有主管中的百分之二十到三十，是很常見的主管類型。

那麼，不負責任的沒問題先生，到底壞在哪裡呢？

1 決策者眼中的沒問題先生，面對底下職員時就變成耍權力先生

不負責任的沒問題先生第一個問題，就是他們的高親和力和態度強硬的性格是有選擇性的。他對於職位比他高的人會很親切，但相反地，在面對手下的職員時就會表現出他強勢的性格。簡單來說，就是他的親和力只會送給他上面的主管，而他自我主張強硬的一面只會讓底下的人看見，同時把「沒問題」一面

具換成「耍權力」面具。

基本上他們對於組織還是有責任感的，而且為了維持親和力高的角色設定，他們會儘量避免跟別人有意見上的衝突或矛盾，也因此他們完全不敢在職位比自己更高的人面前直言不諱。然而，沒問題先生也同時具有他專屬的固執、不懂得變通、完美主義傾向，也對於成果十分執著。

就是這兩種有點矛盾的性格，讓他在下屬面前會強力要求所有人遵守他規定的方針，遇到緊急狀況會表現出敢說敢做的一面。可是在上司交代指令時則像是吃了黃連的啞巴一樣，吭都不敢吭一聲，回到自己的部門就會嚴格要求所有成員完成任務。但是對底下員工來說，難免會遇到難以達成目標的狀況因而苦不堪言。

2 擅長誇下海口掛保證，但要在上司面前報告時連屁都不敢放

個性外向又具高親和力的沒問題先生還有另一個問題，就是擅長給予承諾，但是一旦發現很難做到，立刻就會忘記這件事、根本不會遵守。

不負責任的沒問題先生覺得很難做到的承諾，就是要向高層申請更多的預算、請求業務上的支援，或是報告部門員工遇到的困難等等，可以說只要是可能會讓高層皺眉頭的事，沒問題先生都會選擇忽略。

明明在跟老闆開會之前，跟員工談話時才大聲保證自己一定會把各種狀況確實地告訴老闆，可是當他真的見到老闆時，他馬上會假裝自己什麼都不知道，等回到自己部門後再跟員工說：「我們身為公司一員，當然要多替公司著想啊！再忍過這一次吧！」要是他一開始沒有保證什麼，員工還不會覺得這麼生氣，但不負責任的沒問題先生這種前面說一套，後面又做另一套的行為，真的會讓人氣個半死。

3 只會為了成果豁出老命，對於過程完全視而不見

正如前面提到的，不負責任的沒問題先生人很誠實，對業績也很執著。不過也因為這種個性，在推動計畫的過程中經常出現管理不善的問題。

例如當公司對員工提出了太過分的要求時，身為部門的負責人應該要好好向員工說明公司立場，也有責任要適時將組員不滿的意見反映給高層或相關部門，必要時也要在高層面前挺起胸膛維護底下的員工。然而，即使高層交代下來的命令再怎麼不合理，對沒問題先生來說卻是應該遵守的目標。

再加上他也知道員工們會反彈，所以他乾脆不解釋，直接要求大家執行。不過世界上沒有不透風的牆，公司裡更是沒有祕密可言，結果只是讓員工從不同管道得知公司交代的命令罷了。這個時候不負責任的沒問題先生根本不會想

正面解決問題，而是會用粉飾太平的方式，勸大家「忍一忍就過了」，讓這整件事可以自然地不了了之。他們認為只要能達到業績、顧到公司的立場就好。

要是沒問題先生在第一時間就把所有狀況據實以告，並表達：「這是公司要求的事，所以一定要執行。」大家還不會那麼反感。但他卻想在每個人面前都當好人，結果直到問題一發不可收拾之前，他都只會放著不管。

4 管理能力不足，造成員工和公司之間的問題不斷

不負責任的沒問題先生作為主管，最缺乏的就是身為領導人的自覺。身為領導者，除了要想到自己是公司組織的一員、對自己的工作有責任感之外，同時也要對在他底下聽指揮的員工們負起責任。必要時也需要跟其他部門據理力爭，或是在不同部門當中斡旋、協商，維護自己負責的組織並為團隊發聲，這才是一個領導人該有的樣子。

然而沒問題先生只認為領導者是「創造業績的管理者」。他的行為就像是士兵在機關槍不斷掃射的諾曼地海灘登陸的時候，不管三七二十一只對大家嘶吼著：「衝啊！向前衝啊！」一樣。

當然一個團隊的負責人必須創造出優秀的業績，但絕對不是光靠這點就可以當一個合格的領導者。團隊負責人不僅要顧及每個成員個人的發展、激勵大

家的工作動機，也要關心大家心理上的安全感，才能營造出一個良好的工作環境。這點跟業績一樣重要。

不過幾乎所有亞洲企業的主管們都一樣，大家並不會因為扮演好領導者的角色而得到補償或是獲得升遷機會，反而只有聽公司的話、能衝高業績的人才能升遷。所以不負責任的沒問題先生只能用善良的微笑來掩飾他領導能力和資格不足的窘境，並一直重複告訴員工們：「真是抱歉，這次就照公司的期盼去做吧！」

5 想不出解決方法，等到爆出問題之後才開始道歉

如果主管從一開始就嚴厲地表明：「我不管你們的感受怎麼樣，反正無論是要加班還是帶回去做，絕對要達成目標！」反而還好一點。雖然有被眾人唾罵的可能，但他的做事風格和方向都夠明確，不會讓員工覺得茫然。可是沒問題先生就不一樣了，一開始認真傾聽員工們的聲音，嘴巴上總是保證會立刻幫忙解決問題，說得像是會一直站在員工這邊支持他們，過沒多久卻又裝出一副什麼都不知道的樣子，這種狀況更令人火大。

我們試想一下，如果主管很明確地將每件事的狀況報告給上層，像是「這個專案比較急，目前如何如何……另一個案子時間充裕，是否可以移到下一季

執行呢？……」這樣大家根本就不需要那麼辛苦地趕工。

都已經爽快地答應大家會避免長期加班的狀況了，結果最後得到的答案卻是一直跳針式地回答說：「我也沒辦法啊！大家就再忍耐一下吧！」、「我都知道，你們很累吧？」身為中間主管，就應該要清楚自己在基層員工和高層之間扮演的角色，該強力堅持時就應該要強硬起來。然而沒問題先生卻只是強硬地堅持己見、要求底下的員工要有責任感，不顧過程只在乎業績。等到事情告一段落才回到員工面前說：「你很累吧？」這就是沒問題先生最不負責任的地方。會有人想跟這樣的人一起工作嗎？

萬一遇到了這種主管，到底該怎麼辦呢？

1 有什麼話一定要當場說清楚

簡單來說，沒問題先生就是會讓人內心小宇宙爆炸的主管類型。面對這種主管，身為員工的我們要是有什麼問題、需要哪些資源等，一定要在當場就非常明確地告訴他正確的內容。就算他夾在老闆和底下員工之間進退兩難，也是他自討苦吃。反過來說，這種狀況才能證明他確實是組織的負責人。

請理直氣壯地向他提出要求吧！否則，等所有工作和困難都掉到底下員工頭上、倍感艱辛地完成之後，也只會看到他簡單道個歉而已。這些問題，只要對不負責任的沒問題先生直言不諱就可以解決了。善用氣勢鎮壓他吧！

2 別把他當成領導者，當成「管理業績的人」會好過一點

沒問題先生缺乏領導者的特質，也沒受過訓練。尤其他根本不懂得要栽培或激勵員工，或是幫助員工中長期的職涯發展。所以，建議千萬別期待他會好好執行領導者的角色，只要把他當成是我們這個部門的業績管理人員，大家的心情就會好過一點。因為不期不待，就沒有傷害。

3 不要相信他的承諾，隨時都要準備替代方案

沒問題先生是個好人沒錯，他也是真心想幫助每個員工。但是只要牽扯到職位比他更高的上層，他掛保證的支票統統都會跳票。所以即使他是以領導人身分做出的承諾，也絕對不能相信。雖然他不是有意要說謊，但從結果看來，他一開始說的那些確實是謊話連篇。不只如此，他還會認為自己才是受害者，在事情發生之後躲躲藏藏。因此當他承諾些什麼的時候，乾脆一開始就不要相信，直接準備另一個替代方案就好。

4 因為他只要求業績，所以適時地閃人也很重要

沒問題先生擅長創造業績，加班像吃飯一樣頻繁，甚至也會強制員工們一起加班、或安排不合理的進度。因此在他底下工作時，請偶爾適度地閃人、出門透透氣，享受一下被他壓榨出來的業績獎勵吧！

當然要是養成習慣，我們的職涯可能會變得一團糟。不過人活著總是有該休息的時候，即使我們偶爾沒那麼努力，那位主管也會拚死拚活想辦法做到，所以別擔心，想著：「我不要像他那樣生活」，短時間內當個薪水小偷，讓自己充個電再回來也不錯！

沒問題先生的應付對策

- ☑ 有什麼話一定要當場說清楚
- ☑ 把他當成管理業績的人，別期待他是個好領導者
- ☑ 不要相信他的承諾
- ☑ 自己要懂得適度地休息

怪東怪西怪別人的魔王主管

特徵

- ☑ 權力越大，越沒有責任感
- ☑ 防禦機制十分強烈，像小朋友一樣
- ☑ 只單獨對某方面有責任感
- ☑ 自以為是的狀況相當嚴重

在職場遇到的神經病故事

採購組的組員們幫金副理取了一個綽號，叫做「鰻魚」。原因並不是金副理在工作方面想法很靈活，而是因為他就像鰻魚一樣滑溜溜的，擅長逃避責任，甚至到了大家都公認的地步。

採購在工作型態上，很容易一個不小心就被貼上貪汙、賄賂或仗勢欺人等不好的標籤。公司裡的傳聞都說金副理常常從廠商那裡收到商品券當作回扣、被廠商招待，但公司的監察部門從來都沒有發現類似的事。

要是金副理只對外部廠商油嘴滑舌可能還沒那麼嚴重，不過金副理連在部門內工作的時候，也總是滑溜溜地一直躲開該由他負起的責任。像是每半年一次的庫存盤點、或是監察部門執行調查工作的期間，金副理總是算準時間，每到這個時候就一定會安排國外的出差行程，讓其他同事待在倉庫裡熬夜清點所有庫存，他自己就待在國外閒得發慌。

還有某次企劃部門、採購部門和系統營運部門合作要讓籌備了一年多的採購物流ＩＴ系統正式上線，本來應該由採購部門負責人——金副理加入臨時成立的管理團隊負責，他卻推託說最近公司要派他到外部進修，太忙了無法處理，於是就把這項工作推給了他底下的另一個課長。

採購部門的部長常常需要跟外部廠商交涉，因此可以管理部門的時間相對少很多，這也讓金副理有非常大的空間發揮他的小聰明。明明金副理從年初開始就被指定要負責部門內的文書資料管理，不過當部長因為辦公室內部的文件沒有好好歸檔，而對整個部門破口大罵的時候，他卻站在部長旁邊、以為自己也是部長似地大聲訓斥了其他職員。

除此之外，他還有很多厚顏無恥的行徑，多到不可勝數。例如與廠商之間詳細的交易相關資料一般都儲存在部門的共用系統裡，因為是不能外流的文件，所以部長禁止大家把資料儲存在個人電腦中、禁止列印，整個部門也只有部長、副理和負責系統維護的江課長有權限可以修改文件。

某次因為金副理在儲存檔案時不小心誤刪檔案，結果把所有相關資料一併刪除了。還好部長之前為了以防萬一，另外備份到外接硬碟，所以隔天花了一點時間總算是把檔案救回來。

但在找到解決方法之前，金副理抓著每個員工質問：「為什麼這麼重要的文件你們都沒有另外儲存呢？為了我們這種不太會用電腦的人著想，你們不是應該先幫忙設定好電腦，避免這種問題發生嗎？你們事先就要預想到可能會發生類似的狀況啊！」就這樣飆了一個多小時，他還覺得不解氣，又把負責系統維護的江課長叫過來念一頓：「你做事怎麼可以這麼不小心？系統也沒管理好，你這個負責人是不是技術層面有問題啊？」繼續嘮叨了半個小時。

明明是部長要求大家不可以隨便複製、儲存文件的，當時站在部長旁邊不斷點頭附和的人正是金副理。雖然金副理不太會操作電腦，不過當初主張一定要設置文件管理權限的人，也是金副理。發生檔案誤刪事件之後，金副理居然還跟部長報告說：「真不好意思，底下員工設定檔案的時候出了問題，請問您這裡有原始文件嗎？」

有一個理論叫做「歸因理論（Attribution theory）」，是指當人看到行為結果的時候，會努力找出該行為的原因出於哪裡並加以說明。例如看到暴力行為發生時，會解釋為「那個人的心理不正常」（內在原因），以及「有某個人讓他極其憤怒」（外在原因）[註5]。實際中的某個行為會包含內在原因及外在原因，然而我們更常只偏重於其中的一種。

有趣的是在這個理論中的「說明」，通常我們對於別人的行為更注重內在原因，對於自己的行為反而更重視外在原因。進一步解析的話，一般當別人突然發火時，我們會說：「那個人個性很差耶！」而當我們自己突然發火時，我們就會覺得：「是因為你才讓我這麼生氣的！」

這個理論的說明方法，基本上也指出人類認為「我來外遇是浪漫、別人外遇就是不倫*」的這種思維。當自己的行為引發問題時，比起認為是自己的錯，把責任怪到別人身上或是環境上更容易。

然而，即使考量到這種埋怨別人的行為是人類的本性，還是有些人嚴重到

---

*譯註：1996 年新韓國黨議員朴熺太在國會中提到：「……在野黨批評總統的主張，就像是『我來外遇是浪漫（羅曼史）、別人外遇就是不倫』……」因而成為「我羅他不」的出處。（資料來源：https://www.thinkingtaiwan.com/content/6841）

過於誇張的程度。在公司裡偶爾會看到總是怪東、怪西、怪別人，連百分之一都不曾想過可能是自己的錯的人。

雖然毫無責任感到可以算是患者程度的人真的是極少數，但仍然有可能出現在我們身邊。他們並不是因為有精神方面的問題才感覺不到自己的行為有錯，而是他們壓根不認為自己的行為和最後的結果有因果關係，所以他們才會理所當然地不覺得自己該負責任，反倒是怪到別人頭上。

不過，這些責怪別人達到病患水準的人，其實很難進入公司體制裡，即使進得去、可以升遷，當上主管的機率也非常低。所以主管當中，喜歡怪別人又沒有責任感、自私又自以為是的人，還算是在正常人的範圍內。他們都知道自己行為的問題，也知道這個行為之後產生的結果。意思是，我們在公司裡遇到的那些會怪東怪西怪別人的魔王主管，其實他們也知道自己的行為是錯的。

怪東怪西怪別人的魔王主管，到底為什麼會這樣呢？

1 他們的職位越高，能讓他們承擔責任的社會誘因就越少

有責任感的人，會讓身邊一起工作的人覺得值得信賴。不過，最近一項對於信賴感的研究揭露了一個有趣的事實。

在大衛・德斯迪諾教授所著的《信任的假象：隱藏在人性中的背叛真相*》[註6]一書中提到：即使是同一個人，當他被賦予的權力越大時，跟信賴感相關的行為（也就是責任感）就會有相對減少的趨勢。因為對於社會地位較低、權力較小的人來說，與他人合作是生存的必要條件，所以他不得不表現出值得讓人信賴的行為。然而當他的社會地位和權力範圍逐漸提升之後，與他人合作的必要性也會逐漸降低，因此他表現出值得信賴的行為的機率也會降低。

當然站在上班族的立場，就算成為高階主管，做事時也無法完全讓自己一個人的意見獨大，面對掌握自己生殺大權的更高層上司，當然還是要讓他們覺得自己值得信賴。因此，他們在上級面前還是會努力表現出有責任感的樣子，不過對於自己底下的員工就沒有這麼做的必要了。反正公司裡大部分的員工也只能在背後抱怨一下罷了，根本不會實際影響到主管的年薪或升遷機會。

換句話說就是：只要公司制度中，員工意見對於主管們在人事調度上沒有太大的影響，基本上就等於是鼓勵主管們不用對員工負責任。如果我們的主管也經常做出把錯怪到別人身上的行為，就很有可能是公司文化促進並加重了主

*譯註：原文書名為《The Truth about Trust》，作者為美國人，目前尚未出版繁體中文版，因此本處以簡體中文版書名稱呼。

管們不負責任和怪別人的狀況。

2 性格上具備典型的防禦機制

即使社會和公司組織鼓勵大家可以不負責任地責怪別人，但每個人還是存在個人差異。在權力由上而下、講求絕對服從的公司裡，也並非所有主管都不負責任，所以除了從社會結構的角度解釋之外，也需要從個人身上了解原因。

魔王主管在責任感方面有嚴重問題，每次都會把全部責任轉嫁到別人身上。但其實他在其他方面都極為正常，只是會在明知是自己犯錯的情況下卻還是否認或逃避責任，最後把錯怪到別人身上。為什麼會這樣呢？這是人類心理的一種特性，名為「轉移作用」的防禦機制會讓我們把向自己湧來的指責轉移到其他地方。當人感到生氣或尷尬的時候，就會開始針對外部的其他因素發動攻擊，並試圖擺脫窘境，這種態度就叫做轉移作用。

在前面的案例中，金副理一一對部門成員碎念、為自己的行為辯解，並叫來負責系統維護的江課長臭罵一頓，就是典型的轉移作用。雖然金副理自己也知道錯在自己身上，但他卻不想好好承認這點，所以才會開始指責旁人。

我們每個人多少都有這種個性的傾向。例如小時候晚上不小心尿床了，一開始都會不想承認，可能還會莫名其妙地罵家裡養的狗，或者辯稱是世界上不存在的外星人過來撒的一泡尿。當然在我們逐漸成熟之後，就會懂得承認並改善自己的錯誤，只是怪東怪西怪別人的魔王主管在這方面並沒有任何成長，才會依然維持著小朋友們的行為傾向。

3 不是沒有責任感，只是單獨對某方面有責任感

前面我們已經了解到：如果公司崇尚威權主義或是體系僵化，主管就容易變得不負責任；假如是個性上容易採取防禦機制的人，也容易會責怪別人。不過在公司裡會怪東怪西的人，不一定只出於以上兩種原因。

舉例來說，在德國納粹時期，德國軍人把數百萬猶太人送上死亡列車，載往奧斯威辛（Auschwitz）集中營，他們並沒有感受到自己正在殺人的罪惡感，當下的他們只在意要把人群聚集起來送到另一個地方。根據紀錄顯示，他們只關心可以一次載送多少人、可以多有效率地完成目標，而他們之所以會如此，完全是因為他們有責任感，只是那份責任感是出於機械式的認知而已。雖然他們身為組織一員的責任感很高，然而他們卻丟棄了身為人的責任感。成為魔王主管的第三種原因，就是因為他們的思考方式類似於上述的德國軍人。

魔王主管是有責任感的，他們很明顯對工作負責，也很努力付出。只是他們的責任感跟我們一般人正常認知中的不一樣，而是以奇怪的形式展現出來，

或是他負責的對象不是工作本身，而是要保護他自己。

舉例來說，有些主管被交代某項工作時，為了儘可能完成那份工作，他會強迫員工晚上加班、週末加班，最大限度地壓榨員工，過程中不斷發脾氣，藉此達成他們想要的成果。即使這些成果並不會讓他們直接獲得升遷的機會或是公司分紅，但他們還是願意拚命地追求並完成這個目標。他們的腦中並不覺得要鼓勵員工、激發員工的潛能，或是營造出健康的公司文化，在他們心目中這些一點都不重要。

這樣的主管雖然很有責任感，可是在底下職員眼中還是會覺得他是不負責任地在責怪別人。因為魔王主管的責任感只用來強力榨取員工們做出成果，但對於他身為領導者、應該要帶領整個團隊的責任感，卻被他丟進了垃圾桶。

看到這裡，可能會有人覺得：「他跟前面說過，當人擁有了權力就會變得不負責任的主管不是一樣嗎？」不過這一類型的主管在剛踏入社會的時候，就已經會選擇性地表現出責任感，他的責任感並不是隨著權力的擴大慢慢減少的。他的問題並不在於他掌握了多少權力，而是出於他個性本身。換個角度來說明的話，即使他成為了上位者也沒有上位者的自覺，反而只會盯著他心中必須完成的工作，並讓這個想法支配他的腦。也就是說，他根本沒有想到他擔任主管的角色，他做出來的行為在某些特定方面自始自終都是不負責任的。

如果我們的主管大部分時候都是目標取向，對身旁的人漠不關心、冷酷無情，思考的格局很狹隘，個性也硬梆梆的，屬於這類魔王主管的可能性就很高。身為公司的一員，可以設想到主管本來某種程度就只會為了目標前進，但魔王主管糟糕的是，他除了保護自己之外，對於其他的人事物完全不在意，不管是對組織的發展或目標也一點都不關心，不想承擔任何責任。

魔王主管主要的出沒地點是在組織結構穩定、官僚風氣比較強的公司裡。他們的責任感只會放在自己或屬於自己劃定範圍內的少數人身上而已。比如說，某個人個性上具有徹底的目標取向，以他為中心、在他心目中認為是核心範圍的人（**inner circle**）只有像是學弟、同鄉的好朋友、一起當過兵的戰友等等，其他人只要不屬於這個範圍，就算是自己的員工，他也不會分出一絲的責任感或同情心。

我在實際生活中看過某個魔王主管，他的員工罹患了慢性肝炎，他還是一直逼該員工日夜加班，導致這名員工效率越來越差。被交代的工作太多，加上必須到醫院治療，因此沒辦法按時完成主管給的工作量。不過另一方面，這位主管非常照顧自己的學弟，甚至還把部門所屬的費用使用在這位學弟身上，讓他在上班時間可以到外面進修。有人會懷疑：「怎麼可能有這種人？」不過，這類人比我們想像的還要多得多。

4 自私自利、自以為是

不需多說大家應該都知道，自私自利和自以為是的人當然也可能會表現出不負責任的一面。前面案例當中提到的金副理就屬於這一類，這也是公司裡怪東怪西怪別人的魔王主管最常見的類型和原因。

這類型的人既不負責任，同時又經常顯露出他們自我矛盾的一面。像是當魔王主管想提振部門內活力的時候，就會勸員工們不要有太多顧忌，想休假就自由地提出申請。等到真的有員工跟他說要請特休的時候，他又會突然變臉，質問對方：「想休假是可以啦！但你一定要挑大家這麼忙的時候休嗎？」

所有人聽到他的這番話都覺得超級荒謬，明明前幾天說不要顧忌、想休假就休假的人也是他。在魔王主管心裡，本來就存在著一個強烈的念頭：「休假當然可以隨你的自由休，可是至少要在部門沒那麼忙的時候再休啊！」才會出現這種剛講完就自打臉的矛盾狀況。

但是！要是今天是他自己想休假，就算整個部門忙到死，他也會說：「我們不是講好了嗎？休假本來就可以隨便休嘛！工作再忙也要有休息的時間啊！應該要多多提倡這種公司風氣才行。」魔王主管就是會這麼讓人無言。

所以只要跟這種主管碰在一起，就會經常遇到讓人傻眼到炸裂的狀況。他們除了愛怪東怪西，大多也都自以為是、情緒起伏不定，同時又冷酷無情，即使向他提出合理的要求，他也完全不願意接受，跟他正面槓上時絕對會讓你氣到想掐死他。而我們能做的，要不就是等公司改組、要不就是調到其他部門，或是乾脆離職，這些才是根本的解決方法。然而在做出這些極端的決定之前，可以選擇一些幫助改善我們心理健康的方法。

對付魔王主管的聰明招數

1 直接把他想成是個謊話連篇的人，所有話都要確認、確認、再確認

魔王主管的不負責任是一種習慣，已經成為他每天重複的固定模式。他講謊話的機會絕對不是只有一兩次而已，他的騙人機制已經完全系統化了。

由於魔王主管無法讓人信任、動不動就無視別人的話、完全沒有責任感，所以不管他說什麼，乾脆都預設那些是騙人的就好。建議最好不要透過他，而是透過其他管道確認他說的到底是真是假更安全。尤其是跟我們的工作環境、工作條件等相關的重要內容，絕對要透過其他方法再次確認才行。

以前我有一位同事，他看到隔壁部門有職缺，便去找主管提出他想調到那個部門的意願，說了不只一次。當時主管答應他會把人事調動的申請書報告給老闆，還要他放心，但是過了好一陣子都沒有任何人事調動的消息。那位同事

打聽了之後才知道老闆根本不知道這件事，他的主管去找老闆的時候只是在老闆面前瘋狂地詆毀那位同事而已。結果他一氣之下就乾脆離職了。

總而言之，那位主管就是徹頭徹尾地自以為是、喜歡怪罪別人的魔王主管，他把底下員工當成潛在的競爭者，才會做出這種舉動。

2 保留文字紀錄、或讓同事一起聽到，一定要想辦法留下證據

魔王主管會不斷地改口，也會經常說謊，所以很難每件事一一收集資料。不過為了保護自己，還是必須儘可能留下證據，並且跟感受到相同痛苦的同事共享（當然，除了少數你信得過的人之外，不要輕易共享這些資料）。

我接觸過一個案例，某公司的業務部部長向老闆報告部門內的企劃推動現況時，總是謊報進度，等結果出來有落差的時候，他就會逃避責任，立刻把責任推給底下負責執行的員工。後來那名員工花了將近一年的時間收集部長謊報進度的證據，提交給老闆，最終把那位部長趕出了公司。

當然，要做到這麼極端的結果，其實非常辛苦，其他人知道之後也可能會抱有疑慮，懷疑是否有做到這種程度的必要。不過，無論最後我們是否會採取行動，在過程中多多收集證據也是保護自己的一種方式。

3 權力附帶的基本特徵就是不負責任，不需要太走心、浪費感情

就像一開始提到的那樣，當人擁有了比別人更多的金錢或權力的時候，他帶給其他人的信賴度也會不斷降低。因為這是人類普遍的特徵，所以遇到時也不要太過生氣、影響到自己的情緒，否則我們的職場生活會越來越辛苦。

不管在哪個地方，權力越大的人越容易認為，說謊和不負責任是相當稀鬆平常的事，想騙人也會更簡單。如果我們知道自己的主管就是這種愛怪東怪西的魔王，至少可以減少我們在毫無準備的狀況下面臨離職的風險。

魔王主管的應付對策

☑ 總是要事先設想他會說謊而且不負責任，再來對付他
☑ 每件事儘可能留下紀錄、收集證據
☑ 無論哪間公司都有這種主管，不要太走心

搖擺不定的天平主管

出現原因

- ☑ 問題不在主管的個性上，而是員工工作能力不夠的時候
- ☑ 主管無緣無故討厭某人或包庇某人
- ☑ 員工踩到主管在情緒上或無意識中的雷點
- ☑ 主管懷有政治因素或其他隱藏目的

在職場遇到的神經病故事

研發部門的宋課長底下有三位組長，其中最資深的邱組長負責伺服器和網路系統的開發，第二資深的李組長負責資訊管理系統的開發，還有資歷最淺的金組長則是負責APP的客戶開發。

這三個人的工作內容分配一開始並不是這樣的。在宋課長還沒來的前任課長時期，負責客戶開發業務的是打從進公司以來就負責這塊領域的邱組長，而李組長負責伺服器和網路系統，最資淺的金組長則是負責資訊管理。邱組長和李組長雖然有各自負責的領域，但他們兩個人都熱衷於技術研究，也願意跟彼此分享、很努力學習，而且長期搭檔下來很有默契，在知識和技術上能達到很好的互補作用。

另一方面，因為公司研發人員不足而緊急應徵進來的金組長，比起研究技術領域，他更喜歡跟人相處、東南西北到處跑，興趣也非常多元。在上一任課長在任時，金組長做出來的成果常會有漏洞，而個性上比較安靜、經常互相協助又善良的邱組長和李組長，為了不讓金組長被上面的人罵，就會默默地一起分擔金組長的工作。只是因為工作特性，即使旁人提供再多的幫助，要是負責人不夠仔細確實地一步步進行開發工作，就會不斷地出現小問題。

後來換成宋課長擔任研發部負責人。他在大學主修的是另一個領域、跟寫程式完全無關，開始工作的時候也不是從科技產業起步，是之後才自學寫程式並擔任研發人員的。也因為這樣，宋課長在程式方面的基礎比較弱，所以他最討厭有人對他的技術知識或經驗提出疑問。

在宋課長參加了第一次的企劃會議之後，問題就來了。企劃部門的發想需要較高難度的技術，跟現行的服務系統完全不同方向，因此很難立刻應用在實際面上。正常來說，這種時候宋課長應該要說：「因為很難應用在實際面上，所以我們會考慮其他技術可行性高的替代方案。」不過宋課長不僅沒這麼說，還突然向上層承諾會儘快開發出測試版，提供給其他部門。

會後資深的邱組長和李組長當然立刻提出了技術方面的問題點，建議課長應該向企劃部門表達技術上的困難，並立刻尋找功能相近的替代方案。但這些中立的建議聽在宋課長的耳中就像在說：「你就是不懂技術，才敢答應那樣的要求。」一旁最資淺的金組長因為也不是專業背景出身，要加入也不知道從哪裡切入，只能在旁邊放空。

從那時開始，宋課長就對兩位資深組長越來越疏遠，只跟金組長培養關係。過了一段時間後，金組長還被宋課長邀請到他週末固定參加的單車社團裡。金組長負責的工作沒那麼多，一直以來都經營很多興趣，剛好他對單車也很有研究，還有一台昂貴的單車，結果金組長立刻就成為宋課長社團的核心成員。

宋課長和金組長就這樣形影不離一陣子之後，宋課長便把一直出問題的資訊管理系統開發工作一點一點丟給李組長，還說：「金組長很努力工作，可是他需要更多時間進修，所以只好把他的工作分擔一些給你。」不過從工作轉交給李組長的那一刻，金組長就直接把相關的專業書籍都丟了。

本來研發部門的特性就是客戶端的工作量比較少，主要的業務比重都落在伺服器和資訊管理系統的開發上。分配到後來，實際上幾乎所有工作都落到兩位資深組長的頭上，而且宋課長好像還想繼續對金組長釋放出善意，於是只把最輕鬆的客戶開發業務交給金組長。

然而，因為金組長還沒有徹底弄懂客戶端需要的技術要求，也不想繼續學習，於是他一接手客戶立刻就爆發了大大小小的問題。結果，就在宋課長和金組長一起穿著單車裝去出差的那天，宋課長還說金組長因為要去參加外部的研發人員教育，所以未來一個禮拜只會到公司上班三天。那時邱組長和李組長就知道，以後連客戶端的工作都要由他們兩個來處理。

每個人都希望人與人之間是公平的，但這卻不是件容易的事。雖然我們都覺得自己對別人好像滿公平的，不過就算都是朋友，我們還是會因為親疏遠近而給出不一樣的回應；就算都是親人，也有人會讓我們想對他好一點，或讓我們想跟他保持距離。這些差別待遇其實是人的本能，甚至父母面對自己的孩子們時，也會覺得有的小孩會分走比較多的注意力，有的不會。

連朋友或親人之間，都會有比較親近的一群和關係比較疏遠的一群了，更何況公司裡的同事彼此也不了解對方的生活背景，只在工作上有連帶關係，在這樣的環境下，要主管對全體員工公平地給予關愛是根本不可能做到的事。相反地，在主管心目中某種程度已經決定好每個員工跟自己的親疏遠近，想多照顧一點的人也就特定那幾個。

美國一項研究顯示[註7]，有百分之八十四的上班族認為公司內存在著偏袒的行為，百分之二十三的主管們認為自己對員工也有偏袒的現象。這類狀況可以說是相當普遍。

不過有些主管的偏袒已經遠超過了人類本能的程度，不僅引發公司問題，讓員工之間有嚴重的衝突和矛盾，甚至讓員工無心做事。接下來我們會討論為什麼偏袒行為會在公司內造成問題，又是什麼原因讓主管們表現出偏袒行為，還有在這種狀況中的受害者們該如何應對。

什麼是偏袒行為（favoritism）？在職場上會帶來哪些危害？

人際關係中在所難免的多少有親疏遠近的差別。不過會在公司內引發問題的「偏袒」跟工作與成果無關，是單純出於其他原因而給予特定人員優待，或是對特定人員不利的情形。這裡的關鍵字就在於「跟工作與成果無關」。

在這個資本主義的社會裡，公司就是必須創造出成果的組織。因此，公司對於締造高業績成果的員工，本來就會提供各種優惠及待遇。像是較高的年薪、更快的升遷速度、職缺的優先權等等，進修資源也會比別人來得多。如果不是整間公司的所有員工都領一模一樣的薪水，這種差別是無法避免的。

然而，即使整個部門的業績表現再怎麼亮眼，相對的獎勵規定也要合理、並且跟業績結果成正比，最重要的是成果與獎勵機制要透明、公開。如果這部分做得不夠透明，在同一個組織的其他職員眼中，就會覺得這個獎勵制度並不是根據工作成果，而是出於主管個人的好惡，這時就會造成公司的內部混亂。

如果某位員工是因為做出了一定的成果之後，才得到公司給予的豐厚獎勵，即使他受到周圍同事的埋怨和眼紅，但因為他有實際的優秀表現，所以這些狀況不至於破壞整體的公司文化。

真正會造成問題的是與實際情形脫鉤，無論成果好壞都給予特定員工各種獎勵、機會，或是剝奪特定員工的機會、進行懲處。由於沒有實際的根據讓得不到好處的員工理解論功行賞的原則，因此就容易累積不滿和憤怒的情緒。而且得到獎勵的員工與其他人之間也會出現矛盾或反目的問題。

假如是被主管討厭的員工，則會因為受到各種不公正的對待，而無法維持正常的工作狀態，最終在公司內的職涯也會毀於一旦。這等於是主管只因為個人不滿這種極度不合理的原因，破壞了另一個人的人生。

從公司的角度來看，「偏袒」這件事最大的危害在於它對受到偏袒和不受到偏袒的員工都會產生負面影響。

讓職員充滿活力、熱愛並埋首於工作的最大外部激勵條件，就是周圍對自己工作的「認同」。相信不用另外說明人對於認同的渴望、或是認同對於領導能力的影響，大家都能了解「認同」對公司員工的重要性，這也是為什麼很多公司給予職員獎勵的方法之一就是頒發工作貢獻獎。「偏袒」卻會讓這份認同變得扭曲，讓得不到主管信任的員工失去工作熱忱，也會讓被偏袒的員工對自己的實際狀態產生誤解（明明不具備實力，卻以為自己的能力很好），結果對公司全體長期的職涯發展形成阻礙。

另外，決策過程和獎勵制度的透明公開，是維持公司生態健全的重要因素，也是在搖擺不定的天平主管管理下無法實現的公司文化。他的偏袒意味著用員工無法理解或無法接受的理由包庇特定的人，所以一定會造成內部衝突。

領導者本來是能夠預防公司組織內出現矛盾衝突的人，但天平主管反而助長了矛盾的嚴重程度，甚至是製造矛盾的根源。要是繼續維持這種狀態，公司整體的生產效能自然會下降，也留不住真正有能力的員工。

在瑞士洛桑國際管理學院（IMD）的管理研究所中，對領導力範疇有深入研究的尚—弗杭索瓦・曼佐尼（Jean Francois Manzoni）教授提到的「導致失敗症候群」（**Setup to fail syndrome**）理論[註8]，也清楚說明了主管討厭特定員工會對個人、對公司造成多大的破壞。

在「導致失敗症候群」理論中指出，當主管開始對特定個人的能力、工作態度、成果等產生懷疑，或是對特定職員表現出消極的態度時，這份懷疑和消極就會越滾越大，慢慢地，連芝麻綠豆大的小事也會成為把柄，同時讓有能力的員工懷疑自己的工作能力，最終讓這名員工徹底失去工作能力。

一般來說，擔任主管職的人，在成果管理和組織管理方面擁有被公認的實力。因此如果他持續性地偏袒某個人、或是持續性地懷疑並厭惡某個人，這對員工的工作成效、自尊心，還有公司整體的環境健康都會造成很大的傷害。感情用事的主管比無能的主管帶給員工和部門的危害更大。

為什麼主管會表現出嚴重的偏袒行為，或是極度厭惡特定的某個人呢？

1 這個人的做事風格或成果，不符合主管的眼光

先不論主管特別偏袒誰的狀況，當主管極度厭惡某人的時候，仔細觀察就會發現，有時問題不只出在主管身上，被討厭的那個人也有問題。我們身為員工，除了工作之外，做事時也需要搭配公司的整體目標。不過公司整體的目標聽起來有點抽象，所以實際上大家在做事的時候經常是符合上層主管的胃口。不管是因為能力不夠，還是討厭主管，如果持續達不到主管期待的速度、方法、成品的狀態、品質等等，想跟主管打好關係根本就是天方夜譚。

當然，如果部門主管是一位好的領導者，就應該要客觀地指出員工做得不夠好的地方，並針對那部分提出改善的方法，也給予時間讓員工有機會調整。

然而，我們無法期待大部分的領導者都擁有這麼優秀的指導能力和個性。所以當面臨被主管討厭的狀況時，必須先以客觀的立場觀察我們的工作成果是否達到了一定的標準。假如實際的工作成果的確在各個指標中都達到一定的水準，但主管還是特別討厭我們的話，那麼問題就是出在那位主管身上。

2 故意想刺激底下的員工

也有領導者是為了想要刺激某個人而刻意偏袒他，或是故意嚴重地傷害他。這並不是因為領導者的個性有問題，而是他選擇了錯誤的方法激勵員工。尤其是面對很有潛力的職員，主管可能會為了讓他有突破性的成長而這樣做。

實際上，有些職員在聽到自己不想聽的話就會意志消沉，聽到稱讚反而可以做到比原有能力更好的程度。相反地，也有些職員是一聽到稱讚就會變得鬆懈，熱忱也會馬上冷卻，反而需要強力鍛鍊才能有更好的工作表現。如果遇到這兩種個性的員工，主管們可能就會認為刻意稱讚或刻意批判的方法很有效。

我們也很難說選擇了這種方式就是錯的，只是在使用這種極端的方法時，主管有必要向員工明確地說明為他著想的初衷，以及期待他有更好的工作發展等訊息。萬一員工對這樣的激勵方法有異議的時候，主管也要告訴他隨時都可以提出質疑，並做好跟他開誠布公聊聊的心理準備。否則員工很容易誤會主管的用意，結果非但無法做出更好的工作成績，反而只是一味地討厭或躲避主管等，產生許多副作用。假如連同周圍同事的評價及整體部門的工作氣氛都納入考量的話，其實這種方式並不算是好的激勵手段。

3 單純地討厭某個人或喜歡某個人

大部分天平主管的情況，要嘛是特別喜歡誰，要嘛就是極度討厭某個人。通常這樣的主管在管理上毫無邏輯、毫無目的，只是憑自己的喜好在行動上表現出喜歡誰、討厭誰，不僅當事人，甚至全部門都會知道他的心理狀態。萬一遇到這種狀況，一般也很難知道主管當下這麼做的原因，而且當不被他關心的員工向他指出這個問題時，他還會暴跳如雷地說：「我哪時候這樣做了？」

也就是說，這個類型的天平主管對於自己的態度無法做出客觀判斷。雖然他的確喜歡或討厭特定的人，但是跟工作能力和工作成果無關，也不是想要激勵員工，純粹只是順著他自己的情緒來對待人而已。再加上他的這些行為並不是遮遮掩掩或是低調地做，所以周圍的人都會知道這種狀況。

不管從哪個角度考量，現實中這種不具備主管資格的人其實非常多。他們大部分的自我狀態都不夠穩定，或是主觀非常強烈、過度自信，才會表現出這種不成熟的態度。前面介紹過自以為是的死老頭主管、逼瘋員工的獨裁主管、總是在發飆的暴躁主管也都經常出現這樣的行為，但身旁的員工卻很難直接告訴他們問題點。這種偏袒行為雖然會對公司內部組織造成傷害，可是在主管底下工作的員工們通常都束手無策。

4 基於情緒問題而出現的偏袒

單純出於親疏遠近這個原因而造成的偏袒沒有解決方法，而且有時候主管在偏袒時還會加上他的個性和特質。從站在旁觀的員工立場來說，這種主管喜歡或厭惡某個職員的嚴重程度，已經超越單純讓人覺得不舒服的地步，而是會讓人覺得：「這個主管真的壞得太過分了！」、「這個主管好可怕！」

這類的態度問題也完全無法用邏輯推論來解釋，可能是因為員工踩到了隱藏在主管內心深處的雷點。這個解釋可以說明為什麼天平主管會非常討厭某人，卻無法知道為什麼他們會偏袒誰。

舉例來說，一位天平主管在上班途中聽到公司準備讓資深主管們申請退休的消息，後來工作到一半，這位主管突然無故對某位課長大發雷霆。對課長來說根本就是場無妄之災。這位課長每次提出的意見都很明確，也常被同事稱讚很會做事，所以天平主管從很久之前就把這位課長當成潛在的競爭對手，只是剛好在今天外部壓力超過他可以承擔的那條界線的瞬間，理智線突然就斷了。

看到這裡，有人會覺得：「這不是跟總是在發飆的暴躁主管一樣嗎？」不過天平主管一旦爆發出這種無意識的憤怒，接下來他就會不斷地反覆爆發。也就是說，他對腦中理智線的控制力越來越薄弱，被掃到颱風尾的員工也很難像以前那樣用親切又淡定的態度面對天平主管。

假如主管夠成熟，就會對自己犯的錯誤道歉。然而，會把自己的不安感投射到別人身上的主管，根本不可能會如實承認自己的錯誤。最後到了某個瞬間，天平主管和員工之間就會變得像仇人一樣，而且因為主管有較大的權力，所以更有機會可以把員工逼到忍無可忍的絕境。

像這類無法好好管理自己的情緒，或是無法處理自己的不安而轉嫁給人的主管，可以說是所有主管裡最差的類型。當我們發現我們的主管會對特定的人表現出毫無根據的厭惡或偏袒的話，就可以證明他是這個類型的天平主管。

5 行為背後暗藏政治因素或其他目的

有些偏袒或厭惡的行為表現並不是出於無意識或情緒的原因，而是背後有暗藏其他目的。原本小心謹慎、工作能力差、又常常看別人臉色做事的自私主管，萬一有天突然沒頭沒腦地對某個人特別好，或是表現出明顯的厭惡行為，就表示他有特定的目的。只要稍微觀察這種人的行為模式，很容易就可以知道他覬覦的東西是什麼。

這種人的偏袒不是單純的偏袒，而是想刻意接近特定員工，看到的人都會覺得厭煩。不過也因為他的原因和過程很容易被看穿，所以反而意外地不會讓人太過在意。這種天平主管的偏袒是有目的性的，所以無論是我們或是身旁親近的同事並不會因此受到直接的損失，以這點來說還算是可以忍受。但要是這類型的天平主管為了自己的目的而對其他員工不利時，問題就會變得嚴重。

在大企業中這種狀況不常發生，反而是在中小型企業，尤其是牽扯到老闆或高階主管的親戚時，經常會出現這種情況。只要類似的狀況發生個一兩次，就會讓人真的不想再到公司上班。

上述說明了偏袒有各式各樣的形式和不同的原因，不過要找到共通的對策並不容易。看到主管表現出這種行為的時候，我們都很想瀟灑地轉身離職，可是明明錯在對方身上，為什麼委曲求全的是我們呢？想到這裡就會更覺得冤枉。因此，接下來我們就來了解對付這種人有哪些對策吧！

我們該如何脫離天平主管的魔掌？

1 They go low, I go high.

面對美國種族歧視者的囂張跋扈，蜜雪兒・歐巴馬曾說：「當別人低劣攻擊，我們要高尚回應。（When they go low, we go high.）」

面對明目張膽包庇誰或討厭誰的主管，正因為他的喜好出於他的情緒，所以即使跟他講道理他也不會改變，要是跟他針鋒相對，只會讓矛盾越滾越大。因此最基本的應對方法，就是儘可能地努力把我們的情緒和工作分離。雖然有人會心想：「賺個錢有必要做到這種程度嗎？」不過就算要準備離職也需要一點時間，在這段期間不如選個能稍微減輕壓力的方法，就是把我們的心理狀態和我們對待工作的態度分開。

只是天平主管的惡劣行徑可能會隨著時間變得越來越囂張，也會持續傷害到我們的自尊，所以同樣的方法也無法使用太久。這個方法只能算是在等待公司改組或準備離職期間的臨時替代方案而已。

2 千萬別認為這種現狀是正常的

在天平主管底下工作久了，可能會以為明目張膽地喜歡某人或厭惡某人，是屬於公司生活的正常範圍。講明白一點，如果不是那名員工的工作成果卓越到有目共睹，或是工作態度差到人見人厭，在公司對某個人表現出太過露骨的偏袒肯定是錯的。

而且，即使是面對有實際成果或態度問題的員工，正常來說主管也應該要用透明公開的方式針對優點予以表揚、或指出問題行為並要求改正。都沒有做到這些，光是一味包庇，或是在內部劃分派系，這絕對不是一個正常的主管該做的。如果連這種行動我們都可以接受，認為這很正常，那麼往後等到我們自己成為主管，我們也會做出跟他們一模一樣的表現。所以絕對不要認為這是正常的，這都是因為天平主管的人格特質不好才會如此。

3 在一些小地方請求協助，化解緊張關係

有聽過班傑明・富蘭克林效應（Benjamin franklin effect）嗎？這個理論提到，當我們想要跟某個人變得更加親密時，最好的方法並不是「幫他做」他期盼的事，而是「請他為了我們做些什麼」註9。

假如我們跟主管之間的關係已經被破壞殆盡，就很難選擇這個方法。不過要是兩人的關係還沒有走到那種程度，那就可以試著向主管提出請求，請他給予協助。這樣的說明會讓你覺得奇怪嗎？

不論是我們的工作能力不足而飽受主管折磨，或是主管一看到我們就討厭，都需要適度地向主管表達：「我認真地努力過了，可是我能力不夠，沒辦法像主管這樣完成工作，可以請您指導我嗎？我會努力去做的。」可以嘗試用這種方式請求主管幫忙，並化解彼此間緊張的關係。對自己的能力過度自信的死老頭主管、對底下員工抱持著競爭心態和嫉妒心的人，或是小心翼翼卻沒有工作能力的主管，相較之下更吃這一套。因為天平主管可以透過我們確認到他

自己的「優越感」，接著個性也可能會變得比現在更加柔軟。

只是，當我們向天平主管請求幫助時，從我們自己的立場看來，可能會覺得自尊被踐踏。不過如果要為離職爭取一些緩衝時間的話，這種比較迂迴的方法也是值得考慮的手段之一。

4 試著選擇溫和的中間路線戰略

當主管非常明顯地討厭我們，或是非常明顯地包庇某個人的時候，還有一個方法就是幫自己培養出讓主管不得不認同的工作技巧。例如緊緊抓住某位跟公司往來密切的重要客戶、把一堆複雜的數據分析評估做到讓人刮目相看，或是寫出一份讓人拍案叫絕的企劃書等等。

這個方法的目的並不是為了緩和我們跟主管之間的關係，而是為了避免我們被調到別的部門，或是公司改組而來了一位新主管的時候，我們還正因為跟前任主管有矛盾而被貼上「這個人不會工作」的標籤。

「那個員工什麼事都做不好」，這種話要是從天平主管口中傳到隔壁部門，我們真的只剩下離職這條路可以走了。不過要是主管的評價換成：「那個員工事情真的都做不好，可是有個大客戶非常喜歡他。」這樣至少算是準備了一張可以保護自己的底牌。

即使已經考慮要離職，也覺得主管非常討厭我們、幾乎在每件工作上都要雞蛋裡挑骨頭的時候，至少努力培養出一兩項厲害的工作能力吧！而且當我們專注在某件事情上的時候，連帶地也會覺得主管施加的折磨、或是他讓人生厭的行動會稍微變得不那麼刺眼。

無論選擇什麼樣的方法，比起跟主管全面性地正面起衝突，不如讓這些矛盾限定在特定的範圍內會比較好。

天平主管的應付對策

- ☑ 絕對不要失去自己的尊嚴
- ☑ 千萬別認為這種現狀是正常的
- ☑ 藉由請求協助，化解緊張關係
- ☑ 試著選擇溫和的中間路線戰略

2

讓你每分每秒都想離職，身旁暗藏的神經病同事類型

神經病同事就是不斷耗費我們心神的麻煩

正如本書第一部分提到的，在職場生活裡困擾著很多人的嚴重問題，大多都出在主管身上。不過很多時候，存在感比主管小、卻不斷折磨我們的反而是身邊的同事。

如果能遇到善良誠實、懂得關愛別人又不會越界的同事，那是再好不過了！要是身邊有這種同事，上班也會充滿許多樂趣。就算運氣不好碰到爛主管或爛客戶，有個個性好又值得信任的同事，至少下班後還可以一起喝一杯，彼此聊聊工作上的苦衷、吐吐口水，抒解一下職場壓力，隔天又可以生龍活虎地出現在公司裡。

然而相反地，萬一身邊出現了個性和工作態度有嚴重問題的神經病同事，壓力絕對會大到爆表。如果說我們跟主管之間出問題而產生的壓力，大部分會反映在工作或跟部門經營直接相關的事情上；那麼我們因為跟同事之間的矛盾而承受的壓力，大部分都跟工作上沒有太大的關係。

也就是說，跟神經病同事待在一起的時候，就必須浪費時間和精力去考慮跟工作完全不相干的問題。而且，如果是跟主管之間有嚴重衝突，還可以透過公司內的協調部門等正式管道解決問題，像是跟人事部門諮商、在會議上公開指出問題點等等，嚴重一點甚至可以訴求法律途徑來解決。可是神經病同事惹出來的麻煩，往往是非常瑣碎又微不足道的問題，解決起來反而麻煩透頂。

問題並不會因為比較小就不讓人疲累，反而由於這些麻煩又小又瑣碎，當它不斷發生、沒有引起其他人注意的時候，就會讓承擔的人意志消沉、筋疲力盡。就像是輕微的頭痛或是腰痛，明明一直存在、很不舒服、讓人不得不在意，可是因為沒有嚴重到需要大聲說出來的地步，只是些不起眼的小問題，所以常常就會被直接忽略，這種感覺就跟神經病同事搞出來的飛機一模一樣。

本書第二部分會介紹在職場上出現頻率較高的神經病同事類型，並分析他們大致的型態、成因和簡單的應付對策。單憑這些方法可能無法徹底解決大家面臨的問題，不過至少可以幫大家在付出心血好不容易應徵上的公司裡穩住根基，不要因為一兩名神經病同事讓一直以來努力度過的職場生活變得一團糟。

遊手好閒的夢想家

特徵

- ☑ 無法專心在一件事情上，時常恍神
- ☑ 會突然對一件不重要的事過度投入
- ☑ 對工作的專注度和時間管理能力非常低
- ☑ 懷抱的夢想就像謊話一樣遠大
- ☑ 只會坐享其成，不覺得自己要負什麼責任

在職場遇到的神經病故事

金課長在公司裡負責企業對企業（B2B）的市場分析業務，公司分配了三名下屬給他，其中一個新人，金課長怎麼想都覺得他不太對勁。他每天上班都在壓底線的前三十秒出現，還說現在年輕一代上班族都這樣。不只如此，他在該整理資料寫報告的時候上網購物；還有在金課長要聚集大家開會的時候，他一定會尿遁到洗手間，而且像是在裡面大睡一場似的，隔好長一段時間才睡眼惺忪地出來。這樣的

情況一個月裡就會發生兩三次。

他做出來的報告非但無法讓人說他做得好，甚至每張Ａ４紙上平均一定會出現至少三四個錯字。不僅如此，明明早上才千交代萬交代要準備美國的市場調查資料，下午他就會帶著國內的市場調查報告出現。

這家公司幾乎可以說是家喻戶曉的大品牌公司，金課長非常疑惑公司怎麼會面試到這種員工進來，甚至還偷偷問旁邊的同事，那個新人是不是老闆家的親戚、後台很硬，但結果也不是。

在第四次看到他在電腦面前打瞌睡之後，金課長終於忍不住把他叫過來一對一面談。在工作時沒辦法專心，做出來的成果沒有一次是可以用的，上班時間表現出來的態度也是問題一大堆……金課長試著用冷靜、不帶情緒化的語氣點出他的種種問題。金課長邊問邊擔心，萬一他堅稱自己工作做得很好該怎麼辦，結果對方的答案完全出乎他的預料。

「課長，我的夢想是有朝一日成為這家公司的董事長。不過最近我的工作表現好像讓您不太滿意，剛好藉由這次面談的契機，我決定找回初衷，我會讓自己回到當初準備來公司面試時的狀態並好好努力的，請再給我一次機會。」

從那天開始，每隔幾天金課長就會交代這位新人幾項工作，像是把好幾間外部調查機構的資料整理成一份 Excel 檔，再以這份數據更新公司系統裡的共用市場資料等等。第一天，金課長交代的 Excel 項目只有兩三項，每項不到兩百筆資料，但數字出錯的地方就超過了十個，甚至還遺漏了一整間調查機關的資料。

還不只這樣，才做了一點點，這位新人又開始在早上上班的時間躲在公司樓梯間打手遊，下午躲進洗手間的角落補眠。他沒幾天前才說出的雄心壯志和責任感，完全不知去向。

金課長不斷煩惱到底該不該向上層報告，並對這位新人提出鄭重的警告。後來某天，超過上班時間很久之後，新人拄著枴杖姍姍來遲，腳上還打了一大塊石膏。金課長問他怎麼了，他說他在出門上班的時候從樓梯上滾了下來。他回答的時候表情有點奇怪，於是金課長向他的同事打聽了才知道，原來他在前一天的三更半夜從江東區的家裡騎腳踏車衝到金浦去看女朋友，凌晨的時候他再從金浦騎到公司所在的盆塘，結果途中在漢江旁邊撞到了另一台腳踏車*。

那天下午他一直在自己的位子上打瞌睡。金課長雖然很想體諒他年輕氣盛，想跟女朋友在一起才會這麼做，但真的搞不懂他為什麼要在三更半夜騎著腳踏車跑到那麼遠的地方，而且明明隔天還要上班，為什麼要在那裡待到凌晨，而且問他原因還不敢說實話，這些都讓金課長無法理解。

在腳踏車事件一個月之後又發生了另一件大事。這名新人禮拜五請了特休之後，一直到禮拜一早上的上班時間都沒有出現，電話也聯絡不上。結果金課長向部長報告了新人的問題之後，部長說最近公司正在提倡內部工作環境的和諧氛圍，加上如果這個問題提報到人事部門，部長自己和金課長在指揮調度方面的責任問題歸屬就會變得很複雜，所以最後部長決定對這件事睜一隻眼、閉一隻眼。

隔天新人來上班之後，金課長找他過來詢問了他無故曠職的原因。他說：「我女朋友去了洛杉磯，我想去看看她，以為只要週五週六兩天就夠了，結果後來飛機誤點、手機又弄丟了，所以沒辦法跟公司聯絡上。」

本來金課長還在猶豫要不要把這件事情提交到人事部門，結果他偶然聽到部門同事之間的對話。

＊譯註：從江東區到金浦約三十公里，從金浦到盆塘約三十五公里。

「那小子每次週末都跑到中國去打高爾夫球，這還嫌不夠，居然打球打到禮拜一才搭晚班的飛機回來，還上傳到 Instagram 炫耀呢！」

「他不是前一陣子腳才剛受傷？」

「那個喔！他說因為他跟別人喝酒喝到太晚，所以他拜託一個認識的朋友一大早幫他上石膏。」

「你怎麼知道的啊？」

「我跟那傢伙是 Instagram 的好友啊！他還貼文說：『我就是靠這招躲過危機的。』」

聽完這番話，金課長決定再也不考慮了。

公司有新進員工時，大多數的時候我們心情都會很不錯。倒不是因為有人資歷比我們淺、可以使喚他跑腿，而是因為有年輕的新血加入，可以帶著他一起成長，也有機會讓公司氣氛煥然一新，總是件令人期待的事。不過有時候新人也會徹底打碎我們的期待。在這些令人大失所望的新人當中，最常見的類型就是搞不清楚他到底是來上班還是來參加社團的人。

這種人沒有工作時間的概念，也沒有應該要把工作做好的想法，對於工作品質更是完全沒有基本的要求。儘管如此，他們對於自己的評價卻非常寬容，也像個夢想家一樣喜歡作夢。

他們的本質是善良的，但會為了不挨罵而不斷地耍小聰明。而且他們連這些小聰明都沒辦法貫徹始終，只會讓人不斷懷疑他們到底是怎麼進公司的。

首先來詳細檢視一下遊手好閒的夢想家經常處在什麼狀態吧！

遊手好閒的夢想家看起來不像壞人，卻會隨便曲解別人的話，做出來的反應也跟一般人不一樣，經常會讓人措手不及。加上他自己的主張並不堅定、對於工作沒什麼責任感，甚至無法專心在某件事情上，連人際關係都沒辦法處理好，什麼事情都做得普普通通，表現出來的樣子經常會讓人覺得他就像是個還沒長大的小孩。

有些主管碰到這樣的人可能會認為，只要好好照顧他、訓練他，他就可以跟上團隊步調、提升自身能力。不過他們並不是遇到適度壓力就會屈服並成長的人。不管是從周圍來的壓力、諄諄教誨的教學、或是好脾氣的安撫，對他們來說統統都沒有用。

不幸中的大幸是，至少他們的問題只會出在他們自己身上。可是因為他們的態度一直太過糟糕，而且還會不斷向身旁的人宣傳，所以最後還是會讓整個部門的氣氛變得一團糟，簡直是辦公室裡的一顆不定時炸彈。

他們這樣的人並不是真的什麼都不懂，只是還無法正確掌握狀況和周圍環境，加上只喜歡做自己想做的事情罷了。

遊手好閒的夢想家為什麼會出現這些行為呢？

人的大腦當中，有個叫做「心智化（Mentalization）」的機制[註10]，這個機制的發展能讓人了解其他人說出來的話和表現出來的行為背後所隱藏的意圖或情緒，也就是我們一般所謂的「邏輯理解」或是「掌握狀況」的能力。

當聽到媽媽說：「我兒子真棒！」和「我兒子真～～棒！」我們會做出不同的反應就是因為運用了「心智化」這個機制。不過有些人大腦的這個功能發展不完全，尤其是青春期以前如果沒有發展這項機制，最後就會成為一個不懂事又聽不懂語意的人。不僅會曲解別人所說的話、用自己的想法隨便解釋狀況，也無法理解對方的情緒或意圖。

簡單來說，這樣的人會在掌握現實狀況時出現問題。跟單純地缺乏常識、知識，或是因為沒辦法專心而聽不懂別人的話等等情況是不一樣的。

當然，假如這個問題非常嚴重的話，當事人根本無法正常度過社會生活。不過即使沒有嚴重到需要就醫的程度，這類型的人也會在工作方面造成很嚴重的問題，可以順利應徵進公司的機會也比較少。

接下來，我們來討論遊手好閒的夢想家在公司裡會發生哪些情況吧！

1 時常恍神，無法專心在一件事情上

遊手好閒的夢想家無法在同一個主題、同一件工作上專注太久。仔細觀察

會發現，他們進行一項工作不到五分鐘的時間就會開始逛網站，更久一點的會開始滑手機、傳訊息，再更久的話就會開始打手遊。上班時間會一直上廁所、吃東西、翻包包、找人聊天，等到重新回到工作狀態的時候已經又過了兩個小時。他也不是討厭工作，而是做每件事都會這樣，沒有一件事可以好好按部就班地完成。

有趣的是，遊手好閒的夢想家也會因為無法專心的特質而擁有非常廣泛的興趣和嗜好，經常找朋友串門子，各種場合的聚會他也絕對不會缺席，還會為了自己的興趣或社團活動之類的事情，在上班時間瘋狂找場地、訂計畫，等到真的出席聚會時他也專心不了，明明人在現場卻又開始找下一場活動的相關資料。因為他用這種方式工作、用這種方式跟人相處，所以工作的成果當然不會好，人際關係上也無法維持比較深的交情。

2 會突然針對一件事情過度投入

遊手好閒的夢想家也有專心投入的時候。不過問題是，他們投入的都不是大家達成共識的事情，或是身旁人請他做的事，或是大家可以預先設想到的內容，而是完全讓人出乎意料的事。

像是在上班時間瘋狂搜尋社團活動要一起聚餐的餐廳，從開會之前就開始找，找到開會的當下也還在搜尋各大餐廳。不然就是全部門已經公告說，在某期限內必須完成某項個人業務，但在截止時間的前十分鐘他才開始動工找資料，然後在剩下不到十分鐘的時間裡匆匆忙忙地趕進度。

偶爾他們也會有對工作感興趣的時候，不過他們不是對他們該做的事情有熱忱，而是只熱衷於他們自己感興趣的部分。假設他負責整理所有市場調查業者的資料，如果在這些業者的資料中有一項是他感興趣的，他就只會鑽研資料中的那部分而已。最後等超過了該交出成果的期限時，他就會笑瞇瞇地說：「我覺得其中一項資料太有吸引力了！我為了更仔細研究這部分花了很多時間，才會延遲了這麼久。」

3 對工作的專注度和時間管理能力非常弱

遊手好閒的夢想家要是能順利按時地交出工作成果，反而更會讓人感到吃驚。尤其是需要仔細、專注的工作，夢想家們在做事時都會不斷發生大大小小的問題。例如打錯字、數字計算錯誤、隨便把工作模式亂改、弄錯工作順序、不做公司交代的業務，反而接一些亂七八糟的業務回來等等，他們搗亂的技術相當高超。

而且就算當面指出他們這些問題，也只有在那當下他們會聽而已，之後也完全不會改善，同樣的工作問題只會不斷重複出現。但是他們自己對於這種狀況會一直說：「我不小心做錯了！」「本來做得好好的，因為太緊張才沒有完成。」「因為您說這說那，讓我意志消沉，才會犯這麼多錯。」等等回答。

另外，我們都知道時間管理也跟工作本身一樣重要。但是，前面已經提到過，遊手好閒的夢想家根本不會注意到截止時間，更嚴重的人還會隨便更改截止時間，還說：「我已經按照調整後的時間在進行工作啦！幹嘛還生氣？」因為全公司沒有人知道他改了時間，他改的只有他自己的時間而已。

4 夢想就像謊話一樣遠大

有一點跟他們的做事態度非常不一樣的，就是他們的夢想。有機會跟遊手好閒的夢想家聊聊的話，會發現他們的夢想真的非常遠大。也因為太遠太大了，所以根本不可能在現實生活中發生。

舉例來說，他參加了幾次單車的社團活動之後，就會說自己的夢想是奪得環法自行車大賽（Tour de France）的冠軍。等再過幾個月，他的興趣又換成了線上遊戲，所以他就想成為職業電競選手，每年領超過三十億韓幣（約七千九百萬台幣）的年薪。同時還一邊大聲炫耀說這次買的電腦配備比職業玩家更高級，明明連花了好幾千萬韓幣（約幾十萬台幣）買的高級單車分期付款還沒付完。而且當他們在誇大其實的時候，語氣都非常真摯、沉穩，讓你覺得他們可能真的是有病，但其他方面的表現卻又十分正常。

5 只會坐享其成，還不覺得自己要負什麼責任

前面說明的那些情況反覆出現的話，最後就會讓周圍的人筋疲力盡，不想再幫他收拾善後了。其實遊手好閒的夢想家自己並沒有發現，但他們實際上卻是經常把工作丟到別人身上，自己坐享其成。如果公司的組織紀律嚴明，徹底管理到每個員工的話可能不會出現這種情況，但是在風氣相對寬鬆、相關規定在執行時會有漏洞的地方，就會常常出現夢想家上班族。

因此，從周圍同事的立場來看，他們的舉動讓人厭煩，而且還要收拾他們丟過來的爛攤子，承受到的痛苦也跟著加倍。更讓人無言的是，造成這些狀況的元凶在惹怒身旁的人之後，就算裝也要裝出一副抱歉難過的樣子才對，但他們反而會開心自己不用再處理任何工作，還語帶炫耀地到處宣傳。

有人會懷疑：「公司裡真的會有這種人嗎？」實際上這種人比我們想的多更多。

萬一同事裡出現了遊手好閒的夢想家，有什麼適合的應付對策嗎？

1 跟他說明工作內容時儘可能簡單明瞭

在前面提到的案例中，遊手好閒的夢想家被描述成一個很會耍小聰明的人，不過這些同事大部分都還是很善良的人。他們並不是出於自私的想法、或是自以為是才做出這些有問題的行為，而是因為他們的心沒辦法好好地腳踏實地，才會出現那些舉動。所以當你被氣到七竅生煙的時候當然也可以選擇爆出來，不過對於解決問題並沒有實質的幫助。

如果不得已必須跟這類型的同事一起工作，第一件可以做的就是：無論是跟工作相關的狀況、工作處理的方法或技術等等，都要儘可能地對他講得簡單明瞭。他們會分心、做一些無關緊要的事、不遵守時間，並不是因為自私，只是因為他們的腦袋很容易分散注意力才會如此，所以重點是對他們講話時要簡單、明確到讓他們的腦子沒辦法想別的事。

偶爾遊手好閒的夢想家也會有擅長的特定領域，我們可以幫助他們發現這些領域、具備競爭力，為此就需要提供給他們非常詳細的說明和指南，讓他們可以按部就班地進行工作。

2 儘可能縮短確認他工作進度的時間間隔

如果我們交代了遊手好閒的夢想家一項工作，跟他說期限是一個禮拜的話，他就會玩六天又二十三小時，等到剩下最後一小時的時候才開始趕工生出成果。他並非因為喜歡投機取巧或是愛玩才一直拖，而是他腦中真的壓根就沒有想到工作這件事。所以如果和這樣的人共事的話，就務必儘可能地縮短確認時間的間隔。

前面也提到過，遊手好閒的夢想家就是容易有誇大其詞的特質，所以千萬不要相信他說出來的話，儘可能每隔一小段時間、最好不超過半天就檢查他的工作進度一次。這樣持續盯著他的話，偶爾他也會交出超乎預期的驚喜成果，因此重點就是要耐心地反覆確認。

3 經常稱讚他，讓他對工作充滿動力

就算對遊手好閒的夢想家提出再厲害的報酬也不會有太大的效果，他們一樣會立刻分心。就算拿出關鍵績效指標（ＫＰＩ）攤在他們面前，他們過了一陣子就會忘記。若把他們當成還處在青春期的國中生來對待，就會發現他們跟國中生有很多類似的地方。因此，比起漫長又遙遠的約定，每天對他們說：「你做得很好」、「比昨天進步了」，像這樣的稱讚會更有效果，也能讓他們

對工作充滿動力。

有人會說：「我自己的工作都快忙死了，哪裡還有時間去照顧同事啊？」還覺得有點氣。不過就像前面說的，這是當我們不得不和遊手好閒的夢想家一起工作時才需要參考的建議。當然如果有選擇空間的話，不要跟這樣的人一起做事是最好的，不過有時候在公司就是會遇到一些不如我們心意的事。

4 偶爾允許他有打混的時間

個性上偏向遊手好閒的夢想家類型的人，很難在短時間之內做出改變。如果一直對他緊迫盯人，過不了多久他就會開始耍賴。所以，偶爾也要提供給他們一些心理空間，讓他們可以做白日夢說大話、把工作推給別人再坐享其成、或是讓想法飄在半空中。要是他們超過工作截止的時間一兩個小時，或是又在稍微打混的話，我們就睜一隻眼、閉一隻眼吧！當然萬一這種狀況持續太久，就要重新幫他上緊發條才行。

不管夢想家是要和你一起分擔工作的同事、還是你要帶著他做事的新人，都需要密切地管理。要是嚴格管理他，有時候一樣的人也會做出完全不一樣的成果，因此需要給他機會並等待他。

不過呢，這樣的建議只適合還稱得上是「善良」的夢想家。如果對方的人格有問題、真的是厚顏無恥的夢想家，還只想坐享其成的話，就一定要跟他斷絕關係。否則，要是我們用了前面提到的方法對待不善良的夢想家，自己只會被氣到剩半條命而已。

夢想家同事的應付對策

☑ 跟他說話時儘可能簡單明瞭

☑ 儘可能縮短確認他工作進度的時間間隔

☑ 經常稱讚他，讓他對工作充滿動力

☑ 偶爾允許他有打混的時間

☑ 萬一對方個性狡猾、人品有問題，一定要立刻遠離他

囂張跋扈的小老頭

特徵

- ☑ 擅長包裝自己，而且能言善道
- ☑ 對於自己的能力過度自信
- ☑ 對主管和有實權的人非常好
- ☑ 最適合待在階級分明的公司
- ☑ 擅長找藉口，懂得如何脫身

在職場遇到的神經病故事

對江組長來說，剛進公司的何組長看起來是個相當有工作能力並充滿自信的典型上班族。在帶他參觀各部門以及簡單的在職訓練期間（OJT，on-the-job training），何組長都表現出極大的工作熱忱，也積極發問。他對於部門內的工作分配以及主管處理事情的模式特別關心，光是主管部分就問了好幾十輪的問題，等江組長把他所有知道跟主管有關的大小事都講完了之後，何組長的問題轟炸才停了下來。

何組長為了表達對江組長的感謝，除了他自己原本就要負責的工作之外，還主動提議要從江組長那裡分擔一些共同負責的工作。

過了一段時間之後，江組長發現負責管理全部門的副理十分喜歡和何組長一對一聊天，氣氛總是很融洽。部長和副理平常個性就很難搞，不但自帶爆棚的老頭氣息，有時候還會突然拉著一些外表較亮眼的員工去喝酒，所以大部分的同事看到他們都會退避三舍，兩位主管看到其他人也會擺出一副煩躁的表情，但他們卻和何組長十分聊得來，而且每次聊完天，都一臉輕鬆和滿足樣。

總之，何組長對於自己的工作很努力，做到可以說是非常執著的地步。上班時間表現得一絲不苟，尤其對部門會議極度熱衷。他最重視的就是主管直接交辦的事情，就算他手上還有其他工作，也會放在一旁，先瘋狂地加速完成主管要求的任務。

有天江組長聽到了跟何組長有關的傳聞。何組長幾乎沒有錯過任何一場部長和副理出現的酒席，幾乎每天都到凌晨才回家，週末還常常跟部長一起打高爾夫球。部門同事有好幾個人都非常害怕何組長。

江組長認為常聚在一起喝酒、一起打高爾夫球都很正常，實在不懂為什麼會有同事這麼害怕何組長。江組長對此感到不解。但其實是因為何組長只有在面對江組長時，態度才表現得相當親切又充滿自信。

仔細了解傳聞的內容之後才發現，何組長原來跟他表面上看起來的樣子完全不同。對待工作能力比較差的員工、約聘人員之類在公司裡比較沒有影響力的同事，何組長就會施加壓迫；或是他明明自己也才剛來公司沒幾個月，就開始拿續約這件事來威脅別人，把自己的工作推到別人身上。何組長答應江組長要幫忙分擔的工作，也在一開始就丟到約聘人員身上。

聽完這件事的來龍去脈之後，江組長再看到何組長的時候不自覺地就會起雞皮疙瘩。仔細想想才知道，何組長心中早就已經決定要對哪些人好了，他心目中的第一順位人選就是部長和副理。所以即使要先把自己的事情放在一旁，他也會用最快的速度優先完成部長和副理要求的工作，甚至犧牲自己所有的個人時間來經營跟高層之間的私交。何組長才來公司短短幾個月的時間，部門高層之間就已經出現要把何組長當作下一任部長候選人的風向了。

另外，在同樣是組長身分的同事裡，如果有人具備了何組長本身沒有的專業知識的話，何組長也會有目的地對他非常親切。江組長之前從來沒看過何組長人前人後完全兩張臉的狀況，何組長之所以態度溫和，純粹是因為江組長幾乎全權負責部門內所有技術相關的工作，要是少了江組長的幫助，何組長要完成工作會變得十分複雜又困難。

至於其他人，就算職位比何組長還要高，何組長基本上也不把他們放在眼裡，而對於底下的一般職員更是擺出十分強勢的態度。已經有好幾名員工因為何組長無情的冷嘲熱諷和威脅，躲在洗手間裡落淚了。

江組長再三思考後，認為何組長這樣的行為越線了，所以向部長申請了一對一的面談，報告了實際上發生的這些問題，同時提出建議，不只是為了害怕何組長的部分員工，而是為了整體部門的氛圍，需要適度地管理及調整何組長的行為。

結果過了幾天，到快下班的時間，何組長突然從江組長身旁走過，一臉嘲諷地說：「江組長，你跟部長說了什麼吧！你拿得出實際證據嗎？沒有的話就不能這樣隨便誣陷同事啊！」

眼尖的人可能已經察覺到了，這個類型的神經病同事跟前面提到的「自以為是的死老頭主管」年輕時的狀況很類似。這樣的人當主管時，我們拿他沒輒，即使我們是同事關係，碰到他也只會覺得無言。

他們的目標指向非常徹底，如果是被他分類到符合他目的的人，他就會表現得相當親切；如果他對我們沒什麼目的，就會冷酷地徹底利用我們。他們強烈地覺得自己很有能力，實際上雖然並非如此，卻有著可以吸引人的魅力，所以在公司裡總是可以節節高升，這樣的人我們稱他「囂張跋扈的小老頭」。

我們先來檢視一下囂張跋扈的小老頭有哪些特徵

1 擅長包裝自己，而且能言善道

囂張跋扈的小老頭處在人群當中都會充滿活力，他們懂得打扮自己，尤其特別能言善道。不僅聲音和肢體動作充滿自信，甚至連眼神都能傳達他們對自己的肯定。特別是對初次見面的人很有禮貌，所以他們在面試的時候非常吃香。他們的思緒敏捷、本能上很懂得掌握到對方想聽什麼樣的話，然後再用充滿自信的樣子告訴對方，所以一般的考官都會優先選擇這樣的人。

小老頭的態度從容、說話幽默，在開會或是發表報告的場合都很擅長包裝自己。不了解他們的人乍看之下會以為他們真的是工作能力很強的人。

2 對於自己的能力過度自信

囂張跋扈的小老頭話很多，但仔細聽就會發現他們大多都在炫耀自己的能力。當然他們傳達的方式都經過漂亮的包裝，所以會讓人覺得他們很幹練。而且不只是工作能力，他們連未來自己要交出的工作成果，講話也相當大聲。所以在不了解他的主管眼裡，會分不出他到底是足夠自信還是過度自信，但只要是跟他一起工作過一段時間的同事或下屬，就非常清楚知道他是過度自信。即使如此，也很難有方法直接告訴更高層的主管：「這個人有問題，他自信過頭了。」只能悶在心裡而已。也因此小老頭們在高層主管的眼中，就是一個很有工作能力又充滿自信的員工。

3 面對主管或是有實權的人，他甚至願意捨命陪君子

囂張跋扈的小老頭對於一般正常的人際關係概念非常薄弱，在他們想法中只存在著兩種關係：要小心好好對待的人，以及隨便怎麼對他都可以的人。前者大多是上級或握有實權的人，但如果同事或新人當中具備了小老頭可以利用的資訊或能力、沒有站在敵對立場的人，也會被他列入前者範圍。剩下的人都

會被他歸類到後者。

公司裡有些能力較差、但資歷很深的中階主管，他們常被稱為萬年組長、萬年課長。當囂張跋扈的小老頭遇到他們時，會當作沒看到一樣直接忽略。再誇張一點，即使小老頭是對方底下的員工，他也有辦法像對待自己的手下一樣吃定自己的主管。而那些對自己一點幫助都沒有的同事或員工，他乾脆連理都不理。囂張跋扈的小老頭基本上都傾向於把人當成「工具」，加上他相信自己非常優秀，所以對待他認為有弱點的人就不會給予基本的人性尊重。

要是剛好碰到特別重視工作成果、只以績效來評斷實力的公司，囂張跋扈的小老頭就會更加如魚得水，甚至表現出可以上新聞那種程度的傲慢姿態。

4 在階級制度明顯、需要服從上級命令的公司裡，發揮得最好

在紀律嚴明、權力彼此牽制、大家都處於同樣對等位置的公司裡，囂張跋扈的小老頭就沒有太多空間可以發揮。因為在這樣的工作風氣之下，需要跟身旁的所有人都打好關係，小老頭們反而會不知道該怎麼做。

懂得如何掌握權力的流向、快速地在公司裡靠邊站是他們的本能。因此，他們更喜歡需要服從上級命令、階級制度明顯的公司，這樣他們就可以明確知道應該對誰好，一旦自己也握有權力，可以發揮的空間就更多了。而且他們非

常了解上級主管的喜好，也會執著地努力搭配他們的要求，所以在這種階級分明的公司裡十分容易生存。

5 交不出工作成果，藉口也多

囂張跋扈的小老頭全身的能量都只用在身邊在意的人，尤其是上級主管身上，剩下的能量都用來表現自己了。可是每個人的能量並不是無限的，所以小老頭在處理需要專注力、集中心思的工作時就會出現大漏洞。因此他們實際交出來的工作成果，跟他們嘴巴上說的差得很遠。雖然如此，他們卻懂得狡猾地從該負的責任裡脫身。如果有必要，他們甚至會說謊把責任轉嫁到別人身上，完全不會過意不去。要是沒有人可以頂罪，他們也會想辦法找到藉口脫身。

一般來說，囂張跋扈的小老頭們頭腦都很好，他們信誓旦旦地給予承諾、拿到工作機會之後，就會開始把責任分散到身旁的人頭上，或是利用上級主管偏袒的心讓上面的人負責。同時努力幫自己製造出認真做事的假象。也因此就算交不出成果，通常他們也不需要負責。

如果身旁有這種同事，我們心裡的小宇宙一定很想爆炸，但實際追究責任的時候，也找不到明確要他負責的原因，因為他們是早已經準備好推卸責任的計畫之後才開始工作的。

萬一我們身邊也有同事屬於囂張跋扈的小老頭類型，對我們情緒、職涯方面的穩定度都會產生龐大的影響。先來總結一下他們還有哪些特徵吧！

- 當上級主管注意的時候，會表現出絕佳的團隊合作精神，等到主管一不在，馬上就會抽身把工作推給別人。
- 平常的工作做得亂七八糟，一遇到主管會評價的工作內容，就會拉其他員工下水，表現出共同合作的表象，勉勉強強蒙混過關。
- 無論主管說了什麼，他們一定都點頭附和，但其實他們根本不知道主管下了什麼指令，還會一直重複追問旁邊的人。
- 打理外表的時間比工作的時間更多，雖然看起來很幹練，其實沒什麼內涵，也沒什麼工作能力。

我們該如何應付囂張跋扈的小老頭呢？

1 不要在邏輯上指出他的問題點

囂張跋扈的小老頭基本上個性都相當自私、自以為是，而且完全不會考慮到別人的立場，所以即使從邏輯的角度出發說服他們，他們的態度也不會改變。所以乾脆一開始就不要試圖用邏輯說服他們，否則我們一開口的瞬間，傳到他們耳中的意思就會變成：「你是我的敵人。」

雖然我們不用跟這類型的人變得親近，但也沒必要公開地跟他交惡。因為他們擅於報復，要是跟他們產生了敵對關係，就會因為各種原因感到心累。

2 保持安全距離，用鏡射原理應付他

如果囂張跋扈的小老頭想把工作推到我們頭上、或是想逃避責任，就用心理學中的「鏡射原理（Mirroring）」對付他吧！當他用快哭出來的聲音跟我們抱怨工作好多、心好累，請我們幫忙分擔一點的時候，千萬別答應，只要答應一次，他之後就會裝也不裝地直接把事情丟給我們。

所以要是他用哽咽的語氣跟我們說話，我們就用同樣哽咽的聲音回覆他吧！「天啊，你一定很累吧？不過我昨天才剛熬夜加班，怎麼辦才好呢？還是你也可以幫我分擔一下我的工作嗎？」

3 好好運用上級主管的權威

即使如此，要是小老頭們還是一直想把工作丟給我們的話，可以這樣回覆他：「我們兩個人工作都太多、太累了，還是我們一起去找主管請他稍微減輕

我們的工作量如何？」囂張跋扈的小老頭們是絕對不可能到上層主管那裡提出這種要求的。不需要跟他們正面交手，運用上級的權威壓得他無法動彈吧！

4 幫不了的事，一開始就要快刀斬亂麻

小老頭們有個特點，就是只要對方釋出一次的善意，他就會以為那是自己可以行使的權力。所以，一旦確認他有這種傾向，就要明確地回絕他。當然要是語帶火氣地拒絕，他可能會在背後搞小動作來報復，所以拒絕他的時候一定要笑瞇瞇地說話。千萬不要真的幫他處理，或是答應他的請求，否則我們得到的就只有無止境的無理要求。

5 誰闖的禍就讓誰負責

囂張跋扈的小老頭經常闖禍，而且最後幫他收拾殘局的都是他身邊心軟的人。請記住：絕對不可以幫他收拾善後！還是要笑著對他說：「這個問題你最清楚了解，由你來處理應該會比較好。那我就先去忙了。」

6 多花點心思經營跟主管之間的關係

我們不是非要得到主管的喜愛，或是用盡各種手段一直纏著主管不放，不過身邊出現了小老頭同事的話，就要比一般時候花更多心思來經營跟主管之間

的信任度。平常就要時不時地讓主管清楚了解我們的工作態度、交出成果的方式，以及在公司裡的人際關係如何。因為對於囂張跋扈的小老頭來說，挑撥離間和獨占主管的關心是他的本能。一旦我們摸清他們的本能，先一步跟主管建立起穩固的信任關係，小老頭就沒有插手的餘地。

也許覺得跟主管打好關係是件麻煩又傷自尊的事，但不妨換個角度想想：「主管就是我的客戶，客戶要對我的工作成果這項商品買單，我才能拿到相對應的報酬。」既然主管是客人，即使煩躁，我們就客氣點忍忍吧！

小老頭同事的應付對策

☑ 不要直接指出他的問題點
☑ 保持安全距離，用鏡射原理應付他
☑ 好好運用上級主管的權威
☑ 幫不了的事，一開始就要快刀斬亂麻
☑ 他闖的禍讓他自己負責
☑ 多花點心思經營跟主管之間的關係

嫉妒的化身

特徵

- ☑ 一開始人很好，一旦把對方當競爭者，瞬間就會發動攻擊
- ☑ 用雙面訊息不斷激怒對方
- ☑ 公私不分
- ☑ 要承擔責任時就臨陣脫逃
- ☑ 經常炫耀自己，想引發對方的嫉妒心

在職場遇到的神經病故事

吳組長轉職到目前這家中型的廣告代理公司已經三個月了。剛進公司不久，吳組長跟同一個部門的賴組長幾乎就變成了無話不談的好朋友。

在第一天剛到職的歡迎會上，氣氛超級尷尬，好在賴組長跳出來帶著吳組長融入大家，之後也在許多方面給予照顧和關心。兩個人每天都會一起吃中餐，一邊閒聊各部門的特色和部長的個性等等。

一個禮拜後剛好是吳組長的生日，不清楚賴組長是怎麼知道的，還在吳組長桌上放了小蛋糕和手寫卡片幫她慶生。吳組長在離開前東家的時候一直聽同事說，廣告代理公司的職場環境都很可怕，不過因為有了賴組長這樣的同事，吳組長安心許多，也覺得這份工作很值得挑戰。

過了一個月之後，某天賴組長的態度突然出現了一百八十度的轉變。

那天部長在部門會議上提到：「吳組長的工作能力比我期待的還要更好，尤其在她熟悉的領域具有很高的專業度。其他人也多向她學學，有問題就問問她有什麼看法吧！」隔天的午餐時間一到，賴組長就說自己跟別人有約要先走一步；不久之後部門內的組長們下班一起聚餐時，賴組長沒有告訴吳組長地點，也沒有告訴她公司每季都會跟老闆一起聚餐，等到聚餐當天中午吳組長才匆匆取消了其他行程趕過去。其他同事都認為賴組長跟吳組長關係很好，應該什麼都會跟她說。不過吳組長卻發現從那天開會之後，除了工作上的事，賴組長幾乎什麼話都不跟她說。

吳組長對於賴組長的改變很慌張，等到只有兩個人在的時候小心翼翼地問她怎麼了，賴組長卻說：「我只是最近很忙，沒時間跟你講話而已。你工作能力這麼好，我以為公司裡發生的每件事你都知道啊！」講完後轉身就走了。

剛好那段期間公司有兩個客戶專案同時進行，吳組長跟賴組長各負責一個客戶。賴組長的提案落選，客戶最後選擇跟其他廣告公司合作；而吳組長負責的客戶則對吳組長的提案相當滿意，因此決定投注比一開始還要更大額的資金來推動這項專案。連部長都說吳組長這次簽到了大案子，要請大家吃飯一起慶祝。聚餐的當下，賴組長的臉色不怎麼好看，第二天就開始當作完全不認識吳組長這個人，甚至連在公司裡碰了面也不打招呼，每次開會的時候眼神連一次也沒有轉向吳組長。

吳組長的工作堆積如山，賴組長也完全沒有想要幫忙分擔的意思，即使開口請她協助也都被冷冷拒絕了。賴組長都說：「你這麼厲害，應該自己知道該怎麼辦吧？」同一時間，賴組長也經常在吳組長身旁晃來晃去，嚴重到讓人懷疑她是不是在偷看吳組長電腦上的專案內容。

到吳組長進公司兩個月之後，她才發現公司裡流傳著一些跟她有關的奇怪謠言。因為前一段時間工作很忙，加上賴組長怪異的態度讓她很煩惱，所以不但罹患了腸胃炎，同時還出現了帶狀皰疹，可是因為不想讓同事擔心，所以沒有告訴任何人，只是私底下向部長請了幾天病假而已。但吳組長卻發現請完病假回來之後，同事之間一直竊竊私語。某天吳組長為了處理病假時累積的工作而再次加班時，聽到一起加班的另一個同事用小心翼翼的口氣說：「聽說你遇到了一些很辛苦的事，你不要太勉強自己。」吳組長這才知道了謠言的內容。

傳聞說吳組長未婚懷孕，因為覺得工作更重要而決定去墮胎，才會請好幾天的病假。吳組長根本連男朋友都沒有，更不可能去做什麼墮胎，她覺得這謠言太荒謬了，想弄清楚到底是誰說出這些不實的謠言，所以向同事們打聽了好一陣子。最後發現這個荒謬謠言的源頭居然是賴組長。

吳組長忍無可忍，找到賴組長並問她為什麼要這樣亂說話，賴組長回答：「我看你工作的時候都不想讓別人看到你的電腦螢幕，不只常常抱著肚子跑廁所，還請了那麼久的病假，誰都會這樣想不是嗎？又不是說了什麼沒有根據的謠言，的確有可能發生那樣的事啊！」賴組長一副理直氣壯的模樣讓吳組長徹底無言。

上面這個案例當中出現的神經病同事類型，經常會送禮物給身旁的人。你以為常送別人禮物的人就是個善良的好人嗎？但問題是他送的可不是一般的禮物，而是為了讓對方上鉤的誘餌，他的釣魚功力絕對不亞於能讓願者上鉤的姜太公。

我們來了解一下釣魚之神，也就是嫉妒的化身有哪些特徵吧！

1 外表看起來是個不錯的好人

一開始遇到這些名為「嫉妒的化身」的同事時，我們都會以為：「他的人真好！」他不但清楚知道工作上大大小小的資訊，對公司內部的運作方式也非常了解。他甚至就像是我們肚子裡的迴蟲一樣對我們的需求瞭若指掌，我們想到什麼就會拿出什麼給我們。

他的態度非常親切，總是面帶笑容地對待我們，完全不要求任何回報。就連以一般同事關係很難照顧到的小事，例如家人生日之類的，他也都會記得，還會送出非常適合的禮物，讓我們自然地對他心存感激。但就是這個瞬間，我們就已經咬下誘餌、完全上鉤了！

2 突然態度轉變，開始發動攻擊

嫉妒的化身們一開始會對我們很好，但從某天開始，就會開始提出各式各樣的拜託和要求。剛開始是一些瑣碎的小事，然後慢慢地事情會變得越來越複雜、困難，甚至到最後不是「請」我們幫忙，而是「要」我們幫忙。

初期會因為彼此關係不錯，心裡也還有對贈予各種禮物的感謝，所以很難拒絕他們的請求。而且一旦我們滿足了他們的要求，也配合他們在別人背後說點閒話，他們就不會攻擊我們。不過在這個階段，我們也會開始覺得他們是「雖然善良但有點煩人」的同事。

再過一段時間，當我們忍不住拒絕他們的要求，或是被他們當成「競爭者」的時候，他們的態度就會完全改變，並開始對我們發動攻擊。明明幾天前還一起喝咖啡、一起出門散步，某天說話的態度就變得有點微妙，剛聽到的瞬間還不太懂他是什麼意思，仔細想想才會發現其實他是在無視我們，或是想針對我們的工作挑起事端，才會用那種語氣說話。

不過，因為他們這種攻擊不太直接，而是要反覆推敲他們的語氣和行為，才會知道是在攻擊我們，所以很難立刻應對。

3 用雙面訊息不斷激怒競爭對手

當言語或行動上的表面意思和心中實際的想法有著巨大差異，這種情況就可以叫做「雙面訊息」。嫉妒的化身們攻擊別人時，最常使用的模式就是雙面訊息。假設我們和他在同一個部門裡，一起角逐下一項企劃案的負責人位置。一旦確定了彼此的競爭關係，本來沒說過幾句話的他就會突然打來說：「最近過得還好吧？……（問候了好一段時間之後）唉唷！昨天部長突然叫我不要急著下班，一起去喝一杯，結果我們喝到凌晨才散會，真是累死我了。部長最近看起來滿累的，總是找我去續第二攤、第三攤，我都快吃不消了。」

他的這段話是什麼意思呢？昨天喝酒喝到很累？還是最近部長煩心的事很多，要我們了解一下？其實嫉妒的化身們會突然說這些話的意思是：「部長覺得累的時候只會找我。跟你比起來，我跟部長親近多了，得到部長認定的人也是我好嗎？」

現在可以稍微理解他們雙面訊息的模式了嗎？嫉妒的化身們經常會用這種方式說話。再來假設另一個狀況。（明明彼此沒什麼交流，剛好在茶水間碰面……）「您最近過得如何啊？唉，真羨慕您數據分析的能力這麼好！為了您分析出來的數字，我每天都在制訂新的戰略企劃，忙得不可開交……」

現在猜得出這句話的意思了嗎？他真的是想稱讚我們分析數據的能力嗎？

才不是！他的意思是：「你會做的也只有數據分析吧？我不但和部長關係很好，現在做的戰略企劃也比你的數據分析工作重要多了！」

一般來說，他們的話裡都有三種意思，就是「試探、炫耀自己、表達優越感」。他們會非常仔細地確認不照著他們話做的人和競爭者，所以經常會提出前後邏輯不合、或明明不熟卻太深入的問題，想盡辦法試探出對方的深淺。例如跟他們部門不相關的工作，他就會說：「上次高層主管的研討會你也去了嗎？」用這種方式企圖問出其他部門的事。

接下來的話題就會開始摻雜著他對自己的稱讚，當然也可能不是單純的炫耀，還會連帶表現出對我們的鄙視。所以，即使我們聽不出來對方心裡的意圖，也會覺得他講的話讓人不自在、心情變差。不過因為這些話都被他很巧妙地包裝過，所以很難在當下就聽出來，等到事情過了之後，我們開始聽懂那些話的意思時，所有的煩躁就會一擁而上。

4 公私不分

嫉妒的化身們身旁至少都會帶著一兩個小跟班。而通常會願意當他們跟班的人，對於某個特定領域的知識和專注力都很好，但在社會生活和人際關係方面比較封閉。

就像前面提到的，嫉妒的化身碰到競爭對象或不遵從自己要求的人會磨刀霍霍，不過面對聽他話的人卻非常友好。因為聽他話的人不容易成為競爭對象，也會願意照著他的要求做事，因此是跟班的好人選。像是對某個領域很專精，人際關係的處理卻不成熟或很封閉的人，例如最典型的「理工宅」。另外，天真的社會新鮮人或是新進員工，也會是嫉妒的化身們想拉攏的對象。通常他們會這樣說：「只要跟著我，就能在公司裡升得很快。我跟部長關係很好，非常了解他的做事風格。」

這句話也是嫉妒的化身們最擅長的雙面訊息，他真正的意思是：「我跟部長關係很好，對你們的人事考核可是非常有影響力的。所以你們要好好聽我的話，不要妄想跟我對抗。」

本來身為個性成熟的公司前輩，應該要說：「我們公司比較認可～～的工作風格，在人際關係上屬於～～狀態。我自己也還在努力學習中，還有很多成長的空間。公司裡的老闆和主管們都很親切，如果經常詢問並聽取他們對於工作上的建議，對你會很有幫助。」

嫉妒的化身慣用的說話方式都會把工作和自己的私事混為一談，簡單來說就是公私不分。加上他都會把自己手上握有的微弱權力，講得好像很有影響力，明明是超出他能力範圍的事，卻讓人以為只要他想就都能做到。

5 到了真正要承擔責任的時候，一定會臨陣脫逃

雖然嫉妒的化身每次都把話說得很滿，但真正要處理事情的時候，他們絕對不會負責。要是把很難處理的工作交給他們，他們就會狡猾地把事情推到跟班身上（因為表面上看起來很厲害，工作履歷也很不錯，所以底下的跟班都會認為他很有能力，所以追隨他的人也不少），然後他們就會立刻脫身閃人。

遇到困難（例如工作上必須處理大量數據資料時），嫉妒的化身們會有這樣的表現：

表面上講出來的話

「公司正在推動人事規定的改善計畫，請我加入專案的團隊，我是主要成員。所以那件事我可能到下個禮拜都沒辦法幫忙，所以啊，這次處理數據資料的工作可能就要麻煩你了。剛好你對數據分析也很擅長嘛！謝啦！」

雙重訊息裡的實際意思

「我是工作能力被賞識才會被叫進專案團隊中。其實專案團隊也不用做什麼事啦，但有這麼好的藉口，幹嘛不拿來擋擋我討厭的工作？我最討厭處理資料了，這麼吃力不討好的工作交給你這種小朋友就夠了，我這麼有能力當然要做格局更大的事啊！」

嫉妒的化身們不是把工作責任推掉就算了，他還會把工作推到其他人身上。而且連找藉口也不會太認真地找，只會大概說：「我真的很想做這件事，但『客觀狀況』讓我沒辦法做啊！」用這種方式蒙混過關。在了解情況的人眼裡，完全就是不合理的藉口。不過不清楚實際狀況的新鮮人、新進員工、人緣不好的人或太天真的人等等，就會像是上鉤的魚一樣被他們的爛藉口欺騙。

6 想引發對方的嫉妒心，最後卻是自己嫉妒對方

嫉妒的化身們對待看起來毫無優點、天真又聽話的人非常好。但是面對工作能力比較強的同事，就會表現出很明顯的排斥感。要是那位同事在工作上被認可、還得到主管的稱讚，嫉妒的化身們立刻就會開啟嫉妒模式。同一時間還會不知不覺地（其實是超級明顯地）一直對這樣的同事炫耀自己，包含外表、拿的名牌包、去很多國家旅行的經驗、去國外留學的經驗等等。

在部門會議裡也會想要主導一切，刻意用很難的專業術語，讓自己顯得懂很多的樣子。不過，當我們請他具體說明那些專業術語的意思時，他就會支支吾吾說不出話來。其實跟他們相關的所有事幾乎都是這樣。

問他為什麼買了這個包包，他會說：「最近很紅的藝人都背這款流行的包包啊！」問他到國外旅行的經驗，他會說：「之前不是有電視節目去那裡拍

嗎？」完全看得出在他的想法中，外在勝於一切，思考模式也比較膚淺。而且他還會在自己嫉妒的人面前說：「這個怎麼樣？你很羨慕我有這個吧？」如果對方做出他期待的反應，他的嫉妒心就會慢慢收起來，重新對這個人好一點。然而要是對方表現出不太在意的樣子，他心裡就會很悶，嫉妒心也會加重。

不僅如此，他還會帶著這份強烈的嫉妒心，跑到主管或同事面前說：「那個人真的很差勁，一直小看我。」或是「那個人也太自以為是了。」

要是身旁出現了嫉妒心超強的同事，我們該怎麼辦？

1 他會一直傷害我們的自尊心，千萬不要因此貶低自己

跟嫉妒的化身一起相處的時候，可能會常常面臨讓我們意志消沉、或是自我貶低的狀況，因為對方為了傳達他們的優越感會不斷釋放出雙面訊息。話裡想傳達的不外乎是：「主管跟我更親、他一直稱讚我、我做的工作比你重要多了。」如果可以完全放著不理他是最好的，不過他們總是可以讓別人感到不愉快、或是找出別人的弱點加以攻擊，不斷讓我們知道他在這方面比我們更優秀。這是他們的內建本能。

我們一開始聽到的時候會不舒服，也會有一陣火氣冒出來，然後繼續聽下

去我們反而有可能會懷疑自己：「是不是我真的有很多缺點？」

雖然用客觀立場觀察自己是個很好的習慣，但是也沒有必要因為別人總是貶低我們而變得畏畏縮縮，這一點是面對嫉妒的化身們最重要的應對原則。

他們有嚴重的「自戀」和「愛刷存在感」傾向，在權力面前會放低姿態，在利益面前又會裝出親切天真的傻樣子，要是我們因為他們的話而感到畏縮，就表示我們正在被那些笨蛋拙劣的釣魚手法玩弄。他們非但不值得信任，也沒有責任感，為了我們的精神健康，不要去聽他們不負責任隨意丟出來的言論才好。我們只需要聆聽並回應那些值得信任、人格夠成熟的主管所說的中肯評價就夠了。

2 重點是要知道他做出來的行為是惡性競爭和嫉妒

面對嫉妒的化身們，最重要的是要了解他們總是企圖讓我們感到畏縮、不斷讓我們自我懷疑，其實他們本身的問題比我們更多，而且他們的攻擊模式就是狡猾地利用雙面訊息讓我們感到憤怒。了解這點才能看清他們的攻擊手段，也能掌握到他們話裡的實際含意。當我們聽懂了他們的話中有話，也就表示那些言語不會再對我們造成什麼嚴重的傷害。

他們絕對不敢直接向對方說出攻擊的話、或做出攻擊的行為，他們並沒有那樣的勇氣和能力。如果被他們影響就會變得辛苦、覺得煩躁，也會時常生氣，但是如果清楚看穿他們的真面目，就會知道他們只不過是「沒什麼內涵、不值得尊重，也沒有責任感的人」。面對他們這種還沒長大的幼稚鬼所說的亂七八糟言論，我們不需要聽進耳中，也沒必要讓自己的情緒受到影響。

當然，要是他們持續無法戰勝自己心中嫉妒的情緒，對身旁的人說些有的沒的，這時候就需要有應付的對策。到那種程度之前，了解他們的手段、不要理他們是最方便的。

3 不要正面迎擊，別理他就好

嫉妒的化身們每隔一段時間就會做出一些破壞我們心情的行為，就算放著他們不管他們也會再次出現，讓我們的情緒倍受衝擊。這種時候，只要表現出不動搖的態度就行了。他們的競爭手法就是希望可以影響我們的情緒，所以只要我們不動搖，他們就無能為力了。

相反地，如果選擇正面迎擊，他們反而會利用客觀的情況讓我們變成代罪羔羊。假如對方是冷靜、精明的人，選擇正面應對他們的手段，的確是可以擊碎他們的計畫；然而要是他們並不是這類型的人，就會讓整個狀況變得更累人、更痛苦。因為即使面對他們也得不到什麼，所以不需要跟他們爭執、也不需要刻意躲開他們，乾脆俐落地不理他們即可。

我們的應對方法一定要成熟。有時候容易心軟的人可能會覺得要拒絕他們一開始的好意，會不會「太過無情」？不過完全不需要這麼想，因為他們的好意只是想欺騙我們的誘餌而已，我們不回應就等於是選擇不咬魚鉤上的餌。他們的好意別有企圖，所以拒絕也無妨。

4 用實力讓他閉嘴

嫉妒的化身們會開始嫉妒、想得到關心的根本原因，其實是內心軟弱、沒有實力，還有無法安靜獨處的個性。他們無論如何都想得到別人的關心，但因為工作能力不足，所以只能用奇怪突兀的行為，或是努力打扮外表去迎合有實力的人，再不然就是嫉妒他們。因為這些人的情緒不穩定，對於整個大環境的理解也很膚淺，即使要他們認真反省問題點，他們也完全聽不進去。尤其是當他們嫉妒的同事說出這樣的話時，只會引發他們更大的反感罷了。

此外，他們會為了得到上級的關心和認同而拚命表現，因此我們使用的不理睬策略很有可能會失效。假如主管是冷靜又有邏輯的人就不需要擔心了，但要是主管也屬於嫉妒的化身、或是喜歡被拍馬屁的人，他們就會同流合汙。

萬一遇到這種情況，直接迎擊也沒有效果，這時只能靠實力和工作成績才能幫得上忙。因為嫉妒的化身們沒有膽子敢嫉妒有實力的人，所以最好的策略就是不斷在能力方面拉開跟他們的差距，不斷累積足以被公司認定的實力，讓自己強到就算是無能的主管也不得不在一定程度上依靠我們。

而且即使狀況難以收拾到我們想要離職，或是又換了新的主管也沒關係，因為我們累積起來的實力和成績並不會消失，這反而是件好事。最重要的是，別讓他們混亂了精神，影響到我們全心埋首於工作中的節奏。

嫉妒的化身們就像蚊子一樣，讓我們忘不了他們的存在、過得不太舒服，不過最好的方法就是用實力電蚊拍把他們一擊打死。

嫉妒的化身的應付對策

☑ 問題不在我們身上，不要因此貶低自己

☑ 要知道他表現出來的行為是惡性競爭和嫉妒

☑ 不要正面迎擊，別理他就好

☑ 累積實力，拉開與他的差距

受害者演員

特徵

☑ 不想承擔責任，只會發牢騷、不想努力
☑ 利用別人的同情
☑ 製造出不幸的情況，讓自己成為受害者
☑ 把對別人沒禮貌、攻擊別人的行為合理化
☑ 利用被動攻擊和挑撥離間，破壞團隊氣氛

在職場遇到的神經病故事

徐部長在電子產品製造公司上班，他一直不想參與公司的專案小組（Task Force），某天卻突然被選為負責人。老闆非常喜歡所謂的「跨功能團隊」（Cross Functional Team），每次一有新的計畫，就一定要另外創一個團隊來運作。如果是負責一個小到毫不起眼的企劃，這個跨功能團隊基本上根本沒有存在意義，運作到後來只是排擠掉原有的工作時間，讓大家覺得很煩躁更忙碌而已。

不過這次的企劃案規模很大，所以的確需要另組一個跨功能團隊，而且可以確定的是工作量一定會多到讓人想死的程度。由於日本發生大地震，無法確切掌握合作的日本供貨商的損失情況，但是公司的所有產線都大量使用日本生產的機械與化學藥品，所以必須儘快確認無法進貨的問題嚴重程度，還有是否能找到國內或其他國家的替代供應商。

公司急急忙忙地成立了跨功能團隊，找來各地區工廠負責採購的人員、還有長期待在日本的外派人員，一起在總公司召開緊急會議。因為某些原料的庫存非常少，大概再撐半個月就會短缺，所以團隊成員之間只是簡單介紹完名字就立刻開始工作，彼此幾乎都不認識。

因為這次的事件影響重大，所以參與的成員大多都是應變能力很好、對自己領域的工作很有把握的人，也就是說，幾乎把各部門當中的王牌選手都聚集到一處了。也因為如此，雖只是一場簡單的會議，大家就了解各自該要蒐集並整理哪些資料，也知道為了確認所有資料的正確性需要聯絡哪些廠商以及尋求哪些協助。

然而，從某工廠被臨時調來的一位採購人員A卻表現出一副有氣無力的態度。他不知道哪些事情是屬於緊急、該優先處理的，也不知道該怎麼執行，應變能力不太好，總是一臉呆呆的樣子。徐部長忙到完全沒有餘力可以一一核對每一個成員的工作內容，所以只是讓大家知道目前應該做的工作是什麼，執行方式就交給他們跟原本所屬部門的主管一起討論。

可是團隊成立還不到三天的時間，這位採購人員A的工作進度就趕不上預定的計畫，不但嚴重落後，交出來的資料也是錯誤百出。假如徐部長或其他專案成員認識採購人員A所屬工廠的採購部主管，就可以直接拿到工廠資料。但因為那間工廠是去年才剛收購的，所以沒有人認識那裡的人，也因此不得不依靠採購人員A，他負責的工作卻連一點進展都沒有。

又過了三天，距離向公司董事會報告工作進度只剩下一個禮拜的時間，如果繼續只把希望壓在採購人員A身上，大家的工作成果肯定會開天窗，逼不得已徐部長只好把採購人員A負責的工作緊急分配給其他團隊的成員。雖然其他人跟採購人員A所屬不同工廠，但至少其他人可以提供總採購量的資料，也可以明確知道各工廠的庫存量和消耗速度，就可以知道目前哪些工廠有問題，至少不會對團隊的結果造成太大影響。

就在工作重新分配之後，立刻就發生了一件極度荒謬的事。某天採購人員A突然從自己的位子上起身衝進洗手間，在洗手間裡痛哭了好一陣子才出來。

徐部長不只覺得莫名其妙，也十分煩躁，但因為採購人員A也不是聽令於徐部長的員工，徐部長只好耐下性子、找他面談。然而採購人員A並沒有對自己的問題表現出一點反省或抱歉的態度，反而質疑為什麼徐部長要討厭他。看到採購人員A的差勁態度，從來不發脾氣的徐部長終於忍無可忍，說了一些重話。

後來徐部長去參加總公司的會議，採購人員A回到自己的位子上，又再次哭著對身旁的人說：「我原本的部門交代了很多工作給我，連跨部門團隊的事情也有這麼多要求，我真的快累死了！部長不但沒有安慰我，還對我發脾氣，我怎麼會這麼可憐！」最後徐部長又把採購人員A找來，安慰他說夾在兩個部門之間工作一定很辛苦，適度安撫他之外，還幫他減輕跨部門團隊的工作，後續的資料也讓其他成員協助處理。

從隔天開始，採購人員A因為事情變少，臉色也明顯地好轉；同一時間，別的成員卻天天熬夜加班、黑眼圈深到可以跟貓熊作伴。採購人員A的工作一下子減少許多，所以直到完成跨部門團隊的任務之前，他連一次都沒有加過班，每天都準時早早回家，氣色看起來也更好了。

完成任務之後，跨部門團隊成員也回到各自原本的工作崗位上，徐部長對採購人員A的態度有點不解，於是聯絡了採購人員A所屬部門的負責人。徐部長先說採購人員A第一次參加這種跨部門組織的工作，真的辛苦了。然後小心翼翼、委婉地詢問負責人，既然提報跨部門團隊人選的時候就知道這次的任務相當緊急，為什麼還讓採購人員A同時兼任原本部門內的工作呢？

負責人卻說：「自從讓採購人員A參加跨部門團隊之後，我連一次也沒有讓他承擔我們原本部門內的工作啊！我們都知道這次跨部門團隊負責的任務相當重大又緊急，所以我們根本沒有把任何工作交給他。」

通常我們在資歷深的人身上比較不常看到這種行為舉止，不過職場上還是偶爾會有人總是主張自己是各種狀況下的受害者，一直問別人知不知道他有多累、知不知道他有多可憐。前面案例提到的採購人員A就是典型的受害者演員，他為了可以減少工作量而扮演受害者的角色。即使我們不想碰到這種人，但在職場生活中卻很難避開。

無論遇到任何狀況都不是他的錯，要不就是誰誰的錯，要不就是公司的錯，如果兩個都不是，那就是最近運氣太背才會這樣，不斷堅稱自己是無辜的可憐人。這種類型的神經病同事，會像演員一樣擺出一副可憐的表情問我們：「你知道我有多不幸嗎？你知道我遇到這種狀況有多委屈嗎？」

首先，我們先來了解一下受害者演員的特徵

1 不願意承擔任何責任

受害者演員同事們無論是在日常生活中還是工作上，都不想承擔責任。每當有事情上門，就會沒完沒了地找藉口：「這太難了、我學不會、這個我沒做過、別的部門應該比我更熟悉、我能力不夠恐怕做不好、我其他事情太忙了顧不來」等等。他們的字典裡絕對沒有「我來試試」、「我來完成」之類的話。

2 只會發牢騷，不想付出任何努力

受害者演員不僅不想承擔責任，還會不斷發牢騷，碎念被誰罵了、誰冤枉他、自己有多可憐、今天多倒楣等等。聽的人都可以很清楚地知道：「這問題只要去做就能解決。」但如果提醒他本人，就會得到源源不絕的藉口，解釋他為什麼不能做那件事。所以這類人的生活和工作都不會有變化、發展或成果，因為他們每天三分之二以上的時間都忙著想自己做不到的原因。

3 擅長利用別人的同情

對受害者演員們來說，善良、富有同情心的人，和不了解他們組織運作狀況的人，就是他們最棒的發牢騷獵物。而且他們的專長就是在不了解實際執行狀況的部門負責人，和知道實際狀況又常叫他做事的中間主管之間挑撥離間。

善良的人會聽他們沒完沒了的藉口，甚至幫他把事情攬下來，所以是他們加以利用的最佳人選。等工作完成，受害者演員就會向主管報告，讓人以為是他做的。如果負責實際執行的中間主管看穿了他的伎倆，這時受害者演員就會跑到部門負責人面前表演，說「中間主管不懂人情世故、沒同情心又殘忍，都一直忽略我的苦衷」。如果部門負責人不了解真實情況，反而會質疑中間主管的領導能力。

不過只要部門負責人跟中間主管彼此信任、經常溝通，問題立刻會被揭發，但受害者演員還是會繼續依循本能、尋找其他同情自己的人訴苦，藉此避開工作落在自己身上的情況。他們會將別人的同情當成武器，操縱別人和事情的發展方向。

4 製造出自己很不幸的情況

如果蹩腳的謊言和伎倆騙不到人，他們就會製造一些讓自己不幸的事情。例如向顧客抱怨個兩句，等對方痛罵難聽話之後，再回來宣傳；或是結交一些比自己更沒用的職員，再說自己為了照顧他們太累了。要是身在其中，就會因為太靠近而看不清楚實際狀況，但只要從遠一點的距離觀察就可以知道，明明是他喜歡讓自己看起來很可憐才讓狀況變成這樣的。

5 把對別人沒禮貌、攻擊別人的行為合理化

反正他們認為錯都在別人身上，所以攻擊別人也只是正當防衛罷了。

我們偶爾會在餐廳等地方碰到對服務生說難聽話、做些白目事的客人，明明是他們的問題卻怪對方說「因為你惹我生氣了啊！」，像這種人也是受害者演員的一種。

當然，在公司沒那麼容易遇到嚴重到可以上新聞頭條的重症患者。雖然我們在同事之間遇到的受害者演員病得沒有那麼嚴重，不過他們這種類型的傾向會表現得很明顯。他們一旦找到比自己弱的獵物，就會立刻毫不留情地進攻。

6 利用被動攻擊和挑撥離間，破壞團隊內的氛圍

受害者演員們做事不負責任，他們企圖博得廉價的同情來讓自己順利在公司裡生存，所以會儘可能製造紛爭。無論是編造謠言或扭曲事實都有可能，總之就是想辦法在同事之間產生矛盾。他們不會表現得太明顯，不然責任就會落到自己頭上，所以會用若有似無的語氣刺激人，藉此發動被動攻擊。

這麼做之後，不管是主管或是同事都會自然把關心的焦點轉到他們身上，工作起來也會更加輕鬆。要是大家的焦點又轉移到別的事情上時，受害者演員就會再製造出不幸的情況尋求同情。他們這麼做的最大原因，就是為了得到大家的注目和關愛，只是用的方式跟一般人尋求關愛的方式完全不一樣而已。

為什麼受害者演員類型的同事會做出這些行為呢？

首先可以確定的是，受害者演員們的行為絕對不是在百分之百有意識的狀況下進行的，大多是無意識之下或自然做出的反射。而且因為這些行為已經變成他習慣的模式，所以無論在任何情況下他們都會不斷做出同樣的行為，可以說是他們個性中最根本的一部分。

他們這些行動的最終目的是為了得到注目和關愛。就像小時候因為父母太忙或態度很冷淡時，小孩子會故意裝病來博得父母的注意和照顧一樣，他們長大成人之後也想用一樣的模式達成目的。

只是因為面對公司裡的同事時，裝病這個方法行不通，所以他們才開始找其他藉口。同事不可能向父母一樣無限包容，所以他們會不斷尋找願意關心自己的人。在對方聆聽他的心事、接受他的請求、幫忙處理該做的事一直到後來轉身離開之後，受害者演員就會再找下一個人。雖然他們也渴望感情，然而他們幾乎沒有能力可以跟其他人建立對等又健康的人際關係，所以只能用這種方式在人群中周旋。

他們希望身邊的人可以對自己付出關心，而且不要離開自己，但同時他們又不想承擔責任，所以就會想用操控的方式留住身邊的人。他們之所以被稱為「受害者演員」，就是因為他們想達到的最終目的是觀眾的注目。還有他們會企圖利用別人的同情心，只要讓自己表現出弱者的樣子，就可以藉此操控身旁人的反應。如果剛好被他操控的是整個部門的負責人，同一個部門裡的其他同事就會面臨近乎崩潰的窘境。

如果碰到受害者演員類型的同事，應該要怎麼應對比較好呢？

1 對他不需要實話實說

面對受害者演員類型的同事，我們不需要實話實說點出他們的問題，或是公司部門面臨的問題。因為他們基本上就是對工作沒有責任感，也不願意做事的人。他們只會把說出這種話的人當成敵人。

他們為了可以持續扮演受害者，總是會找出一個名義上的加害者。對他們而言，指出他們錯誤的人就是第一順位的加害者。如果我們清楚明白地把事實告訴他們，不到一個禮拜的時間，他們就有辦法製造出我們的謠言並傳遍全公司。他們人生的字典裡面，絕對找不到「反省」這個字。

2 溫柔地拒絕他

只要對受害者演員釋出一點好意或表現出同情心，他們當下就會開始跟我們裝熟，並且不斷地陳述自己有多麼不幸。這時就需要拿出工作的藉口來擋：「我真的好想繼續聽，但我工作太多了，下次再聽你說吧……」用這種方式打斷他們的話。

另外，在工作上他們也會經常拜託我們做各種事，這時候一定要找出別的理由拒絕，千萬不可以一時心軟幫助他們。因為幫了他們之後，他們非但不會感激，還會到處張揚說所有的成果都是他們自己做的，所以請記得務必「溫柔拒絕他」。

3 事先跟部門的負責人提到實際工作情況

如果跟受害者演員在同一個辦公室裡共事的話，部門負責人或主管很有可能會突然把我們叫過去談談。一談之下就會發現，受害者演員因為各種原因沒辦法完成他自己的工作，所以負責人或主管就會請我們幫忙分擔他的工作量。會發生這種情況通常是因為受害者演員的演技打動負責人而激發了他的同情心，或是找到了可以操控主管的方法。接下來各種工作炸彈就會在辦公室內的各個地方爆炸。假如我們說：「這件事不在我的工作範圍內，我沒辦法幫忙。」負責人或主管反而會把槍口對準我們開火，責備我們沒有團隊精神、太自私自利等等。

要是不想碰到這種讓自己鬱悶到死的狀況，平常就要事先讓部門主管稍微了解一下受害者演員同事的狀況。有人可能會擔心這樣是在背地說別人壞話，所以不太願意講，不過建議最好還是要自然地讓主管知道那個人的現狀。否則，不但要承擔對方的工作、讓他坐享其成，要是說做不到還會挨罵，最後還是得幫他收拾善後，這真的會讓我們氣到得內傷。這種狀況尤其在工作能力好的人身上更常發生。

雖然要說服主管、還要在主管面前提及同事的問題會覺得很有壓力，但要是不這麼做，讓主管被蒙在鼓裡，整個部門就會一團糟。因為這不只是受害者演員同事一個人的問題，嚴重的話甚至會破壞公司整體的相互信任與合作。

4 給他明確的工作目標和清單，並要求結果

如果想跟受害者演員建立不會失控的同事關係，可以聽一次他們的藉口，然後立刻給他們明確的工作清單和結束時間讓他們閉嘴。過程中也要持續監督他們的進度。

受害者演員大多頭腦不好，所以只要嚴格要求他，他就會按部就班地照

做。面對他的時候只要求他把工作做好，彼此對話也只限於談論工作就好。如果為了想照顧他而跟他聊一些個人的話題，反而會被他牽著走。

受害者演員的應付對策

- ☑ 對他不需要實話實說
- ☑ 溫柔地拒絕他
- ☑ 最好事先跟部門的負責人提到平常發生的情況
- ☑ 給他明確的工作目標和清單，並要求結果

令人傻眼的工作狂

特徵

☑ 拼命工作的原因跟一般人不一樣

☑ 除了工作以外，對任何事都漠不關心

☑ 工作是他第一優先的價值

☑ 對不可能達成的業績目標感到興奮

在職場遇到的神經病故事

財務部門的金課長被大家取了個「末班車」的綽號，因為他每天都一定要加班到捷運的最後一班車才回家。他本來就是一個很常加班的人，自從升上課長之後，更是天天都待在公司直到末班車的時間快到了才下班。

該公司是實行概括工資制度*，即使加班也不會另外算加班費，所以他當然也不是為了想多賺點錢才留在公司。在公司結算完、到了淡季，理應整個部門都悠閒下來的時候，他還是選擇天天加班，就連部門聚餐完他也會回到辦公室繼續工作。

他的位子旁邊有一個全部門共用的櫃子，底下放了一張簡易的折疊床。剛進財務部的新人每次看到那張折疊床的時候，都會開玩笑說：「您該不會要住在公司通宵工作吧？」大家都以為那張折疊床只是放著好看的而已。

不過實際上，金課長每個禮拜都會有一兩天通宵工作，直接睡在那張折疊床上。金課長還曾經在部門聚餐的時候向部長提出：「週末能不能開放財務部門的系統權限？」因為公司的財務系統基本上在週末都是關閉的，必須由部長向公司申請才能暫時開放使用。不過，部長認為要是開放週末的使用權限給金課長，他可能會連週末都住在公司，所以並沒有答應他的要求。

金課長年近四十歲了，還沒有結婚、自己一個人生活。他沒有任何的休閒娛樂，除了工作以外也對任何事都不感興趣。有一次一位員工到金課長家裡拿

＊譯註：韓國的概括工資制度從 1997 年起實施，適用於不易計算加班時數之服務業，預先推定固定金額之加班費後，與基本工資一併支付之方式。（資料來源：2017/6/14 首爾經濟新聞，經濟部駐韓國代表處經濟組編譯 https://info.taiwantrade.com/biznews/ 韓國政府決定管制概括工資制度 -1323049.html）

東西，他看到金課長家裡客廳沒有電視，只有一張沙發和一張桌子，生活過得非常簡單，家裡的擺設也空到讓那位職員心想：「課長準備要搬家了嗎？」部門裡的員工彼此之間都在打賭，看誰能猜到金課長週末都做些什麼。結果最後答案居然是：「金課長他週末不是在家裡用電腦工作，就是在處理公司文件。」

財務部門的部長十分具有戰略性思維，他認為必須讓大腦保有足夠的空間，才能規劃出格局更大的未來藍圖。部長並不希望底下的員工只是盲目地埋首工作，對公司整體的狀況都不了解，他反而期待員工可以思考公司在財務方面短期、長遠的競爭力，以及提出可以進行改革的建議。所以部長更希望大家可以做到把自己抽離工作、擁有更客觀思考的生活態度，也因此他對於金課長營造出來的團隊氛圍非常擔心。

金課長十分努力工作，手邊處理的工作量也相當龐大，正因他承擔了這麼大量的事情，所以部長也有更多的時間可以思考格局更大的部分。不過金課長總是會在深夜的時候寄工作信件和訊息給其他職員，週末時間也會在同事群組上傳一些工作相關的事情。雖然週末不會有任何員工回覆這些訊息，不過看「已讀」的數量慢慢增加，就可以知道每個員工其實也都不斷注意著這些訊息。另外，雖然金課長人很善良，但因為他會不斷要求身旁的人搭配自己工作的速度，所以跟一些年輕的職員之間也漸漸產生摩擦和矛盾。

而且最重要的是，金課長雖然專注於處理眼前的工作，然而他對部門整體的進展或未來規劃、財務部門要如何為公司創造出更高的附加價值等等，他沒有任何的想法。當然，他對於部門裡其他人的成長或能力提升等方面也一點都不關心。

部長看著這樣的金課長，開始煩惱且不確定，金課長到底是為了整個部門和自己的發展才做這樣的工作，還是單純只是因為除了工作以外也沒有關心的事了，才會把所有心力都投注在工作上。

公司是一個必須看最終成果的地方，為了得到很好的成果需要足夠的資源和公司全面的支持，然而卻很少有公司能提供這些基礎。大部分的人都因為缺乏人力和資金而疲於奔波，試圖憑藉努力完成根本不可能實現的業績。所以公司大都喜歡勤奮、忠厚老實又努力做事的人。

尤其是在過去一九八零、九零年代，經歷最後一段經濟快速成長期間的人，如今大多擔任高階的管理職，對他們而言，把工作做好的意思就等於是「努力工作」，換句話說就是要長時間投注在工作上。也因此他們動不動就會加班到通宵，甚至連週末都到公司上班。

不過，近來高創意思考力改變了整個市場的局勢，人們對於長工作時間的想法也產生了很大的變化。勞工法也持續縮短工時，各大企業也了解到，為市場帶來變化的創意想法和執行改革的能力並非來自於長時間坐在辦公桌前。

若想要激發創意性的思考，就必須給大腦可以脫離工作的時間，也要讓大腦有機會接受除了工作以外的刺激和資訊。不過，直到現在還是有很多人以很長的工作時間取勝。很多公司裡沒良心的老闆會要求員工加班，卻不給加班津貼或週末津貼，還有一部分的員工明明沒在上班卻假裝自己在上班、只想多領點津貼回家，這兩種人都會造成嚴重的問題。

然而還是有人並不是為了加班費，而是為了工作本身而自願選擇加班。他們就只想透過工作找到滿足感和生活的意義，屬於「令人傻眼的工作狂」。假如想進一步了解這些人，就需要先定義什麼是令人傻眼的工作狂。拋開複雜的艱深用詞，我們就拿他們跟我們熟悉的人進行比較來理解吧！

令人傻眼的工作狂和一般努力工作的人有什麼不同？

1 工作的原因不一樣，他追求的目標就是工作本身

這個世界有很多努力工作的人。有些獨立經營事業的人，每個禮拜工作超過八十個小時，上班族當中有人一週工作六十個小時左右也覺得這是很稀鬆平常的事。不過，這些人並不是全都屬於令人傻眼的工作狂。

當我們和這些長時間工作的人聊聊，就會發現他們通常會說：「工作雖然很有趣，但我也想早點回家陪陪家人、週末四處走走、運動運動。可是我要是不這樣工作就沒有足夠的錢可以拿回家。」這樣的人也都是努力工作的人，不過他們的最終目的並不是工作本身，而是有想透過工作完成的理想生活，工作只是他們達到夢想的一種工具。

然而，令人傻眼的工作狂他們的最終目標就是工作。大家可能乍聽之下會無法理解，怎麼會有人直接把工作本身當成目的？

想想賭博的人吧！我們有聽過哪個喜歡賭博的人因為大賺了一筆就立刻起身離開賭局、拿那筆錢好好生活的嗎？幾乎沒有吧！「贏了這一局就收手」這種台詞只會在電影裡出現，大部分迷上賭博的人是為了感受豪賭時的刺激、緊張和腎上腺素才賭的。這種情況嚴重時，可能會出現不安、憤怒、憂鬱等情緒，讓他無法維持正常的生活。也就是說，令人傻眼的工作狂並不是把工作當作達成其他目的的工具，而是沉迷於工作時分泌的腎上腺素[註11]。

2 除了工作以外，對任何事都漠不關心

沒有人是從一開始就當上令人傻眼的工作狂的。他們原本也只是一個努力工作的平凡人，只是工作到後來，越來越深陷於工作帶來的興奮感，或是為了忘記並逃避個人生活和家庭複雜的問題才執著於工作，因為只有在工作的期間才能享受與世隔絕的快樂。

對於那些在現實中承受痛苦的人來說，工作扮演著避難所的角色。從某個瞬間開始，他們就迷上了工作。平常有十分喜歡的休閒娛樂、或是家庭關係相當緊密的人也會努力工作，但只會覺得工作很有趣，並不會淪為令人傻眼的工作狂。

3 工作是他第一優先的人生價值

如果讓工作成為現實避難所、或是唯一可以埋首其中的事情，從這瞬間開始，工作本身就成為第一優先的人生價值。

赫爾曼・梅爾維爾小說《白鯨記》裡出現的亞哈船長，為了追逐讓自己失去一條腿的大白鯨，拋棄了生活中的一切。他已經忘了原本是要捕捉白鯨來賺錢的目的，放棄幫助其他船上的朋友，身為船長的他甚至不再關心船員的生命。「捕捉到大白鯨」這件事成了他人生中唯一的目標。

閱讀這本小說到後來就會感覺到，從某個瞬間開始亞哈船長的目的已經不再是殺死莫比敵，而是死在莫比敵的手上。雖然亞哈船長嘴巴上說他的夢想是要向莫比敵報仇，然而事實是他不願意從那個夢中醒來。在達成夢想的那瞬間，自己人生的目標也會消失，結果變得活著也不像活著。

這種對於某件事執著到自我傷害的狀態，也可以在令人傻眼的工作狂身上看到。他們嘴巴上雖然說自己夢想著成功、為了未來和家人一起度過幸福的日子而努力工作，然而其實令人傻眼的工作狂只是專注於工作本身、或工作中的自己而已。其餘一切的價值都要排在後面。

4 對不可能達成的業績目標感到興奮

假如你待在一旁觀察令人傻眼的工作狂的話，就會發現他們在有人提出不可能做到的目標，或是被交付完成不了的課題時，會表現出跟一般人不一樣的反應。他們真的會純粹地感受到開心和興奮，就像數學家找到無論如何也解不開的數學題答案，或是像賭徒手上握有絕對不會出現的牌一樣。

一般人面對過多的工作量或艱難的目標時，就會開始抱怨或感受到挫折。然而令人傻眼的工作狂會露出一臉滿足的表情，彷彿終於找到了人生的意義。而且會對這份工作執著到發狂的程度，就像馬拉松選手跑了夠長的距離之後，會感受到「跑步者的愉悅感（Runner's high）」一樣。

當他們被交付了這類目標之後就會呈現興奮的狀態，所以通常他們不只會自己一個人埋首在工作裡面，而是會要求身邊的所有人都跟上自己的步調。更極端一點的時候，就算他自己不是主管，他也會把主管當成底下的員工說：「我們達成這個目標大賺一筆吧！要是做不到，主管也不算什麼主管了。」像照樣要求所有人都要一起努力工作。

總結一下，要區分認真工作的人和令人傻眼的工作狂的最大要素，就是對工作本身的執著。工作狂只會從工作上感受到興奮，但一般認真工作的人雖然一樣長時間努力工作，不過他們認為工作只是為了讓自己生活變得更好的一個工具，不會被工作埋沒，在工作量和進度方面也會做出合理的判斷。從這點就能看出差別。

當然，上述提到的工作狂已經是病情很嚴重的情況了，是為了清楚說明才更突顯他們的特質。有些人雖然不像上述說的這麼嚴重，卻一樣有類似的狀況。尤其是在資歷比較深、想法比較僵化的人群當中，也比較容易出現令人傻眼的工作狂。

令人傻眼的工作狂傾向為什麼會在公司組織中造成問題？

1 工作時充滿競爭感和鬥爭感

令人傻眼的工作狂對於工作的態度非常狂熱，甚至會帶有競爭感和鬥爭感。一般努力工作的人也會競爭激烈，不過工作狂們會專注到完全埋首於工作，並對於獲得成果燃起熊熊鬥志。

工作狂的問題出在他們會把這種熊熊燃燒的鬥志用在沒必要的事情上。工作時通常需要根據事情的輕重緩急安排優先順序，越重要的問題當然得先快速處理好。然而在工作狂們眼中每件事都一樣重要，完全不分輕重緩急。所以當他們同時激烈地推動所有工作的進度時，就會出現問題，加上他們已經習慣了完美主義的態度，問題就會更嚴重。而這其實是因為他們對於工作脈絡以及整體規劃的掌握能力不夠才會如此。

比起小事做八十分、重要的事做到一百二十分的人，所有事情都做到一百分的人反而容易得到工作能力不好的評價，因為工作狂們根本看不出每件事的重要度差異。

2 除了工作獲得的成就感之外，認為其他事情都是次要的

如果令人傻眼的工作狂是自己獨自工作的自由工作者的話，他本人特異的個性也只是對他個人造成問題而已。然而要是他們在公司組織裡想照著自己的心意工作，就會出現很多問題，其中一個就是他們無法理解為什麼其他人不願意把自己的一切奉獻給工作。工作狂們因為他們本身的完美主義，還有他們認為人生當中的一切快樂都要從工作上尋找，所以他們喜歡埋首於工作，也喜歡用很快的步調做事，但不可能整間公司的人都擁有跟他們一樣的價值觀。

另外，每件工作也並不是都一樣重要，員工需要根據不同的狀況、公司策略，區分哪些工作要特別注意。以公司的立場而言，比起要員工做好每件事，

更希望員工可以先思考清楚哪些事更重要、更有意義，並徹底執行這些工作。

不過，令人傻眼的工作狂們在這方面完全沒有分辨能力，所以他無法理解為什麼其他職員要追求生活和工作之間的平衡，也不懂為什麼主管會說：「這次的工作很快就會結束，不需要花太多精力，我們專心做下一個計畫案吧！」他只會按照他自己的判斷結果來處理，還會要求身旁的人跟他一樣。

當然有些工作狂是可以稍微理解這一點，但會不斷質疑別人的人生價值觀，或是對工作的價值觀。更嚴重一點的話，他們還會認為除了自己之外，其他人都是薪水小偷。

3 有很強的完美主義傾向，會不斷質疑自己和其他人的工作品質

如果令人傻眼的工作狂只是自己一個人瘋狂工作，我們還可以視而不見、忍一下就過去了，但他們會被列為公司內必須解決的課題之一還有其他原因。公司的業務不可能是完全分割開來的，彼此的工作也都彼此相關連，所以只要有一個人開始想要把工作做到完美無缺，最後就會要求所有相關人員都要做出一模一樣的成果。假如公司要求某項工作一定要做出最好的品質，那麼大家當然要齊心做好，但就像前面提到的，工作有輕重緩急之分，應該先考量公司的目標、脈絡之後再來區分完整性和急迫性。

可是令人傻眼的工作狂們因為想法太過僵化，或是因為思考得不夠深入，所以他們只會不斷地質疑所有相關員工的工作品質，一直強制要求大家改善、還要用最快的速度完成。如果想達到工作狂們的速度，所有人就都要像他們一樣瘋狂工作，但腦袋正常的人是沒辦法持續像他們那樣無止境工作的，所以最後同事之間一定會出現過勞情形，或是彼此衝突、反目成仇。

另外，大部分令人傻眼的工作狂在人際關係的處理上都缺乏緩和摩擦的能力，所以一旦發生衝突就會衍生成大問題。站在主管的立場，就需要浪費更多時間和精力來處理這些不必要的矛盾。

4 他的不安和緊張會影響到身旁的人

令人傻眼的工作狂有完美主義傾向，無法正確、完整地考量工作的輕重緩急與優先順序，而造成這些狀況的根本原因就是出於「不安感」。工作狂的生活嚴重失衡，充斥著大大小小的問題，所以他們才會把工作當成避難所。也因此他們對於工作成果的要求非常徹底，這樣才能築起結實的城牆，周全地保護自己只剩不到一半的生活。

如果說一般人會把精力平均地分配在工作和工作以外的生活，工作狂們就是會極端地把所有精力單獨投注到工作上。雖然他們不會直接貶低或攻擊周圍的人，然而因為他們總是處在高度不安、高度緊張的狀態，因此周圍的人也很難過得舒服。另外，他們的想法也不太合理。就算辦公室裡只有一兩個人不斷散發憂鬱情緒，部門裡一整天的氣氛也會變得沉重；同樣地，因為他一個人的不安、不快和緊張感，那些負面情緒的陰影也會慢慢向周圍擴散，連帶讓其他同事都跟著變得敏感、不舒暢。

5 曲解把工作「做好」的標準

在資本主義的社會裡，無論再怎麼付出努力做好某件事，如果不符合市場選擇的趨勢，就很難擁有價值。努力固然重要，但能做出好成績更重要。然而令人傻眼的工作狂們無論面對任何事都會全力以赴。要是在上級主管當中有任何一個人希望職員都表現出這種「奉獻犧牲的主人意識」，整個組織的氛圍就會變得像農業社會一樣必須具備操勞到死的勤勉特質才能存活。

我們都知道依照目前國家經濟發展的成熟度來說，光靠勤勞、忠厚老實又長時間工作是無法具備競爭力的。然而還是有些主管不這麼認為，如果剛好在這類主管底下出現了天天加班、週末也上班的工作狂，工作狂不斷升遷的可能性就會很高，這麼一來公司的整體文化就會倒轉回到一九八零年代以前。

在這樣的狀態之下，懂得安排工作的優先順序，擁有戰略性、革命性嶄新思維的職員反而很難立足。因為整個團隊對於把工作做好、還有做出好成績的概念已經被曲解了。另外，令人傻眼的工作狂們通常身體都不太健康，所以即使長時間坐在辦公桌前面工作，效率卻出乎意料地非常低。當這樣的人變多、形成支配公司組織的文化後，公司整體的工時就會越來越長，生產的效率反而會不斷衰退。

如果在同事或下屬當中出現了令人傻眼的工作狂，應該要怎麼應對比較好呢？

1 儘可能收集身旁的資訊，確認對方是不是令人傻眼的工作狂

如同前面說明的一樣，我們很難區分出對工作奉獻、努力工作的一般人，和令人傻眼的工作狂。再加上一般人成為令人傻眼的工作狂之前，也可能是一個對工作奉獻、努力工作的人，所以就更難分辨了。把他們拿來跟一般人對照的時候稍微可以分得出來，不過到底是我們工作做得少、做得慢，還是對方是工作狂才會做那麼多的工作呢？這點也不容易判斷。

所以，我們需要跟周圍的其他人交流意見、確認在公司裡面工作做到什麼樣的程度算是符合標準。因為的確有可能對方並不是令人傻眼的工作狂，而是

其他人工作的表現稍微有點鬆散，才會形成明顯對比。

這時，第一條基準就是清楚了解「努力完成主管交代的工作」的定義，還有部門與公司組織的文化。先判斷在公司的立場上，我們的基準是否有不合格的地方，還是某些特定人的工作態度有問題。這樣才能找到應對的方案。

2 縱使被對方攻擊工作表現，也不要讓對方的態度影響到我們的情緒

令人傻眼的工作狂經常處於高度不安的狀態，也有完美主義的傾向，所以也會對身邊的人表現出攻擊性。我們明明很努力工作，而且工作品質無論是跟以前比較或在其他地方都沒有問題，但是在令人傻眼的工作狂看來卻完全無法滿意，甚至因為這一點而把整間辦公室鬧得沸沸揚揚。對於他們的挑釁態度，就算回覆他們「你算什麼！」或是「你覺得問題到底出在哪裡！」，也只會引起更大的衝突而無法解決任何問題。

令人傻眼的工作狂從單純的意義上而言，他們也算是埋首於工作的人，他們散發出來的攻擊性大多只是針對工作成果以及跟工作有關的事，並不是針對人。所以建議只要抱著「我們一起彌補那件工作上不夠完美的地方吧！」這種想法面對就可以了。如果讓對方的質疑影響到我們的情緒，反而是讓對方有機會到處抨擊我們的成果標準要求太低。

3 我們無法跟上工作狂的步調，所以倒不如調整工作的優先順序

不斷思考方案來提升成果的品質，固然是件好事，只是這麼一來，我們心目中的工作優先順序和品質、主管要求的順序和品質標準、還有工作狂們的標準混在一起時，就容易發生問題。

雖然我們聽到對方的話就很想左耳進、右耳出，不過畢竟工作狂們的要求也並非完全是錯的，加上主管也可能無法做出冷靜的判斷，反而站在工作狂那邊。因此如果我們身旁有人對工作執著到瘋狂的程度，最好是能夠重新把他、主管、和我們個人的工作優先順序綜合起來重新調整。

有人可能會覺得我們為什麼要因為一個奇怪的人而讓工作變得這麼複雜，不過主管大多時候都不太理智、還會極度信任工作狂們，狀況可能就會變得對我們非常不利。倒不如把他們要的給他們，用一顆糖塞進他們的嘴裡，讓他們不會再吵吵鬧鬧就好了。

4 向主管提出建議，透過部門協議來決定工作速度

前面也提到過，有時令人傻眼的工作狂對公司文化這方面並沒有太大的幫助。某些特定的人真的會對工作相當執著，然而在生產效率以及工作成果的最終品質方面反而會引發問題，這時就需要小心地與主管討論，先確認主管對於

工作狂的判斷及評價如何。

最好的情況是可以透過這個過程跟主管協商，也讓主管了解到努力做事雖然很好，但是想要激發出新穎、有創意的點子就需要適度地平衡工作及其他方面。假如能做到這點，就等於是獲得了一個可以制衡工作狂們的工具。

萬一交談後發現主管剛好也信奉努力勤勉至上的原則，這時我們該怎麼辦呢？要是碰到這種狀況，這道選擇題就會落到我們身上。這時我們就可以考慮是要跟所有人一起瘋狂地工作，或是要開始尋找其他選擇的可能性了。

工作狂同事的應付對策

☑ 儘可能收集身旁的資訊，確認對方是不是令人傻眼的工作狂

☑ 縱使被對方攻擊工作表現，也不要讓對方影響到我們的情緒

☑ 我們無法跟上工作狂的步調，所以倒不如調整工作的優先順序

☑ 向主管提出建議，透過部門協議來決定工作速度

愛說閒話的大嘴巴

特徵
☑ 處於高度不安狀態，對外部展現出攻擊性
☑ 渴望得到關愛和認可
☑ 支配欲和控制欲很強
☑ 在公司中獨來獨往

在職場遇到的神經病故事

目前單身的蔡課長原本在另一個地區上班，某天突然接到了公司指派他回總公司上班的調職令。自從在總公司上班之後，蔡課長忽然覺得自己變成了冷戰時期的間諜。部門裡的宋組長比蔡課長大五歲，算是公司裡的萬年組長，他也是單身。因為總公司的組織結構比較特別，從宋組長到蔡課長這個年齡區間幾乎沒有其他同事，而且兩個人下班後也沒有什麼事，所以即使蔡課長沒有那麼樂意，但還是會跟宋組

長一起在下班後喝杯啤酒，聊聊主管們的閒話。

雖然起初沒什麼感覺，但不知道從什麼時候起，蔡課長開始懷疑宋組長是不是一整天都在私底下調查其他人，總公司裡的一百多名員工他幾乎都知道他們背後的故事。一起吃晚餐的時候，宋組長的流程幾乎都是一模一樣的。先點完餐，四處張望一下之後就會向前探出身子說：「欸欸蔡課長，你知道那件事嗎？」然後開始聊起公司的某個人。

「你知道彭部長吧！就行銷部門那個。那傢伙的太太住在美國，所以他時不時就要當一下空中飛人聯繫感情，他們這樣遠距離相處了四年，結果老婆居然在那裡出軌了。聽說他的小孩幾個月前回國，英文不怎麼好、也跟不上學校的進度，所以打算要去讀美國大學，現在正在準備ＳＡＴ（美國大學入學測驗），一個月的補習費就超過兩百萬韓幣（約五萬三千元台幣）。可是彭部長還要扶養父母，弟弟也沒什麼能力，都要靠他一個人的薪水來支撐家計。他可能壓力太大了，最近一直在吃憂鬱症的藥。」

「資訊科技部門的李課長啊！他本來體重超過一百公斤，最近努力在上健身教練課。他請的私人教練非常貴，不過那個教練很漂亮，李課長為了跟她見面天天到健身房報到，只要六點一到他就會立刻從公司消失。但是他們那個部門的部長是個工作狂，看不慣底下的員工閒著，結果昨天他跟李課長在會議上大吵了一架。」

一開始蔡課長只是很驚訝宋組長怎麼有辦法掌握那麼多資訊，而且幾乎都是同時知道的。不過隨著他們一起喝酒聊天的次數變多了之後，就發現他並非只是單純知道很多而已，他是對這些閒話的主角懷有敵意才會說出那些話。

「我們部門的陳副理你認識吧！那小子當我直屬主管的時候，是我的工作成果讓他升遷的，結果我到現在還是萬年組長，那小子已經坐在辦公室的大位上，像個大官一樣還裝出一副老實耿直的樣子。最近他幾乎每天都到附近的沙龍報到弄頭髮，不久之前去打高爾夫球的時候還一直纏著球僮小姐，結果差點被趕出去。他在別人面前裝出跟孔子一樣清高的模樣，這種傢伙在背後的手段可厲害了！」

蔡課長在另一個地區的分廠上班的時候，曾經跟陳副理一起共事過兩年。那時候，供應商為了要招待陳副理而辦的好幾次聚餐，他連一次都沒有去過。所以蔡課長不禁開始懷疑，宋組長說的那些到底是真實發生過的事，還是他編出來的故事。不久之後，宋組長又在一次小酌時講人事部部長的閒話。

「莊部長那個人真的很好笑。我以前在人事部的時候，他一直使喚我跑腿，真的煩死了！在他當上部長之前，曾經用公司的卡去喝酒，後來出了問題還是我幫他背黑鍋、代替他接受懲罰耶！可是我要調整升遷年限的時候，他就裝出一副什麼都不知道的樣子。同一時間他還硬著頭皮讓底下其他組長全都提早升遷，結果被老闆痛罵了一頓。」

莊部長平常就是一個心思縝密、做事滴水不漏的人，自我管理相當徹底。這樣的人會用公司的卡去喝酒，還鬧出問題，這本身就令人難以置信。所以聽到宋組長這番話的隔天，蔡課長就委婉地詢問了待在人事部門裡關係不錯的同事，這才知道宋組長說的全部都是沒有根據的事。

蔡課長從那天之後就小心翼翼地提醒宋組長，要他不要太誇大其詞，宋組長雖然沒說什麼，卻露出一副非常不爽的表情。不久之後，宋組長就開始找隔壁部門新調來的一個組長天天一起下班去喝一杯。

公司部門聚餐之後接著續攤，或是上班時間三三兩兩聚在茶水間喝咖啡的時候，通常就會有個人環顧左右並問大家：「話說，你們聽過那件事嗎？」聽了就會發現大部分的開頭都是「小道消息說……」，或是「有人看到……」一聽就知道沒有什麼可信度。

比起那些沒有根據的傳聞，我們更要注意的是把這些故事當成祕密告訴大家的人。這種人大部分在說閒話的時候，都會比在辦公室工作時更充滿活力，比起自己的工作內容，他們對別人的閒話了解得更多。

每次想要嚼某人舌根時，他們就會自然而然講出一些如果沒有親眼看到就不知道是真是假的閒話。也可以看出講的人明顯樂在其中，這類型的人就是辦公室裡「愛說閒話的大嘴巴」。

為什麼會出現「說閒話」這種行為呢？

根據進化人類學提出的資料來看，人類從一開始使用語言之後，就立刻出現了說閒話的現象，這可以說是持續了超過數萬年的人類習慣。而且我們也是他們的後代，所以直到現在我們也不斷地說著閒話。不過，這種習慣可以延續這麼長的時間，甚至延續到現在都保存下來，就表示人類的確從這個行為當中得到了確實的「益處」。因為如果沒有任何益處，時間一久，這種習慣也會跟著消失才對。

近期有研究指出[註12]，說閒話的這種行為可以帶來「資訊共享」、「歸屬感和一體感」，還有「高度的有用性」。假如人群當中有人做出極其自私的行為、或欺騙別人的行為，這時只有在大家共享這些資訊的狀況下，才更有可能繼續維持整個群體的存在，這時就會開始說閒話。像這樣一起嚼別人舌根、共享祕密內容的人就會產生「自我集團」的意識，就像同儕或軍隊同袍之間使用的特別暗號，用來區分「我們」和「我們以外的人」，說閒話的舉動也能提高群體間團結的效果。

正向的資訊可以幫助人類確保可以獲得更多的食物、或是擁有更舒適的睡眠環境等等，然而負面的資訊（例如「有些混帳每天晚上都會晃到洞穴口偷食物」等）則與生存息息相關，所以人類也會更加關注這類的訊息。人類的大腦構造原本就會優先處理跟生存直接相關的資訊，因為「生存」才是一切的首要條件。也因此我們更常在背後「說閒話」而不是「說好話」。

雖然如此，但這樣的說明對於閒話當中惡意屬性（捏造不存在的事實、享受彼此撕咬的衝突，藉此消除壓力的行為）的解釋還是不夠，而且先不論真假，對於被談論之人的痛苦也沒有多加說明。

人們在什麼狀況之下會開始說閒話？

我們思考一下說閒話的進化背景就會發現，當人想在一個團體內部區分「敵我」時，就會出現說閒話的行為。

對於團體外部的議論則不是在背後說閒話，而是會直接在面前講出來，因為批評另一個團體時，沒有理由、也不需要對同一個團體內的成員有所隱瞞。

接著來思考公司的情況，雖然所有員工好像都為了同一個遠景和目標而工作，但實際上每個部門、每個人的目標都不一樣。有時候為了確保各種營運資源，例如高層對於自己部門的關注、升遷機會、經營預算等，不同部門之間會展開資源爭奪戰。這時就需要區分敵方、我方，尤其是這些資源的分配或機會的保障無法做到透明化時，就提供了閒話最好的生成環境，說閒話這件事於是就有機會遍地開花。

說閒話風氣興盛的企業環境，一般都有以下幾項屬性

1 決策者過度權威，或是公司文化不穩定

老闆崇尚權威主義，或是公司組織經常變動而造成員工很難確定什麼才是

適當的行為時，最終經營資源就會被分配到少數人身上。普遍很難獲得認同的人贏過有能力的人而升遷，或是成果亮眼的部門從公司的預算分配名單裡被除名、所有的資源都集中到空降的負責人所屬部門，又或是擅於阿諛奉承的達人掌握大權、公司文化不安定的時候，就會經常出現在背後說閒話的現象。

這種狀況發生時，因為公司並不是依據工作成果或工作能力這些透明公開的標準給予機會和資源，而是把大家的機會和未來放在看不到的地方決定，所以員工之間就會遺忘要正常競爭這回事，取而代之的則是彼此惡鬥、死纏爛打。而這也會成為出現惡性競爭的踏板，像是從別人的身後捅他一刀、或是放個絆腳石讓對方摔得頭破血流。到了這種程度的話，成員之間不說閒話反倒成了一件奇怪的事。

2 公司裡的決策掌控在一兩個人手中

即使老闆不是權威主義人士、公司組織也沒有不穩定的問題，但若權力集中在少數人身上，就會經常發生手握重權的人沒有徹底看清一個人或一件事的狀況。再加上訊息傳遞不夠透明的話，公司裡的人就會更注意「負面訊息」。假如公司有一百多名員工，負責人要從兩名基層組長當中提拔一位升任課長，而其中一人剛好傳出負面消息的話，當然會選擇另一位。

在工作環境中，一個人要對別人充分了解並做出恰當的決策，最多可以掌握的人數大致上不超過二十人。一旦超出這個人數範圍，就需要將人事決策權下放到可以有充分時間觀察職員的中間管理者身上。然而權力無法順利下放、所有決策都一律由最上層管理者決定的公司組織，也等於是為說閒話行為創造了最好的生存條件。

3 團體之間的競爭情況嚴重，或是部門裡的工作壓力過大

有時候上級主管當中會有人故意煽動部門間的競爭氣氛，因為他們相信彼此競爭的公司文化比起互助合作的公司文化更好。這時，員工們也很難避開說閒話的誘惑。就競爭本身的屬性而言，無論何時都會處於相對激烈的狀態，當公司氛圍不是跟老闆一起成長，而是不斷反覆地在兩個部門當中評論誰更好的話，落後的部門就會承受必須反敗為勝的壓迫感，最終在某個瞬間越線之後，就會散布不利於對手的言論，朝對手的後腦勺狠狠地給予致命的一擊。

實際上曾有某家公司因部門之間的競爭太過激烈，以致於在部門考核期間，公司內部的監察小組每個禮拜都會收到一百多封的投訴。這些投訴信裡出現不同部門之間的負面消息還可以理解，不過同一個部門的職員之間互相傷害的情況也很多。正是因為公司文化過度追求競爭的氛圍，所以連坐在自己隔

壁、每天都會碰面的同部門同事之間，也想用這種不正當的手段來推翻彼此。況且，這些投訴信也得附上最起碼的依據才能提交給監察小組，連投訴信都這樣了，說閒話的行為豈不是更嚴重？

4 在一成不變的公司組織中，出現了「只屬於他們的小團體」

前面提到，說閒話這個行為，在團體當中具有賦予「歸屬感」的功能。當外部有強大的敵人時，整個團體就會團結一致，將所有能量投射到外部敵人身上；不過當外部沒有敵人，也就是部門內沒有特別的危機和變化的時候，為了釋放過剩的能量，就會在部門內部重新建立小團體。熟悉的人彼此之間談論到深入又隱密的內容的機率也會相對偏高。如果再加上內部沒有長時間培養出堅固的團體意識的話，這個機率就會進一步往上升。

在這種情況下，如果有新人進來、或是部門中有人想要追求變化，對於那些安於現狀的小團體來說就等於是出現了巨大的威脅，他們就會選擇加以排斥並驅逐。因為他們認為當下的公司狀態就已經很好了，所以當出現可能會改變現在生活的不確定因素時，團體成員在無意識當中就會想要消除這些變因。

符合上述條件的公司組織，說閒話的行為會更加頻繁、活躍。然而，即使是在同一個部門上班的人，也仍舊存在著個人差異。有些人就算待在這樣的部門裡，也沒有動力想嚼別人的舌根、或是根本不知道值得被嚼舌根的情報，所以完全沒有說別人閒話的可能。相反地，有些人對於說閒話可是充滿熱忱，而且手上也掌握了充分的資訊。

現在，就讓我們檢視一下愛說閒話的大嘴巴有哪些個人特徵吧！

1 因為處於高度不安狀態，所以會對外部展現出攻擊性

說閒話的心理起因就是「不安感」。因為害怕自己的位置可能會動搖、害怕會被輕視、或是害怕無法升遷等等，有許多擔心與憂慮時，他們就會表現出攻擊性。有些人會用這樣的攻擊性攻擊自己，進而面臨憂鬱或挫折等情緒，不過這樣的人也不會熱衷於說別人閒話。相反地，如果這份不安感是來自於外部，他們表現出來的攻擊性就會反映在說閒話上。

高度不安的人遇到問題時，基本上很難抬頭挺胸地面對問題的根源，因為在公開場合跟他們的競爭者正面對決也會讓他們感到不安、不舒服又疲憊，所以他們就會開始選擇跟幾個親近的同事講一些編出來的故事。

他們不安的原因有可能是他們說閒話的對象身上的實際原因（「部門裡來了一個有經驗的新人，他的工作能力比我們原本的同事好多了」），或是對方的存在本身就刺激了他們無意識中的想法（「部門裡來了一個有經驗的新人，他看起來好聰明，讓我好在意」）。無論是哪一種情況，平時就十分不安、較容易對外部發動攻擊的人，會積極說閒話的可能性就更高了。

資歷比較深、在不同部門都有認識的同事，但是升遷卻不順利，或是無法得到公司認可的人，說閒話的機率也更高。因為他們會用說某些人的閒話這種方式，抒解自己對於未來的不安感、還有對於公司的不安感。

2 渴望得到關愛和認可

愛說閒話的這類人渴望得到團體的關愛、認可和關心。就像前面提到的，說閒話可以讓共享祕密的人之間產生歸屬感和連帶感。因為想要持續被這個團體接納，成為被其他團員認可的一員，他能準備給大家當作茶餘飯後話題的就是這個團體之外的同事的資訊。關於部門當中新進員工的傳聞，或是最近備受關注的同事的毀謗言論，絕大部分都是愛說閒話的大嘴巴編造出來的。

3 支配欲和控制欲很強

欲望很強的人，理所當然的也會同時追求資訊、權力和影響力。手上掌握了別人不知道的資訊時，那份資訊就會成為力量、成為影響力而讓對方進入自己的支配範圍內。

如果說上述「出於不安的攻擊性」是對於威脅本身表現出防禦性態度的話，支配欲很強的大嘴巴們所表現出來的攻擊性就是為了實現自己欲望的主動攻擊。在對於說閒話成癮的各類人當中，最惡毒、想用自己的喜好來控制一切的大嘴巴，可能就非這種支配欲很強的人莫屬了。

4 在公司組織中獨來獨往

我們偶爾會發現某些人跟人群相處不太融洽，但也沒有自在地享受一個人的生活，而是覺得他帶有一點陰暗和憂鬱的感覺。有時候這樣的人也會對在背後說閒話這件事充滿熱忱。與其說他是心懷惡意、有目的性地用閒話攻擊別人，不如說他的目標是想要獲得更多資訊。

面對跟自己不太熟的人，要用什麼方法才能獲得資訊呢？就是要先向對方釋出一些自己知道的情報。而且在人類認知裡，本來就認為負面訊息的價值更高。所以想要引起對方的注意時，說閒話比起稱讚對方、或提供大家都知道的資訊要有效多了。

如果我們成了被說閒話的目標該怎麼辦？

我們現在已經初步了解愛說閒話這類型的人了。有人會覺得只要小心一點就可以避開他們，不過成為被說閒話的對象跟我們的意志和努力並沒有太大的關係。

當我們剛進一間公司或轉調一個新部門時，就很有可能會因為我們是新來的而被說三道四，工作做得好就會因為表現出色被說、做不好就會因為能力不佳被說、靜靜待著就會因為個性封閉被說、反過來如果太積極地表現就會因為愛出鋒頭被說，這就是社會的現實。

那麼，我們到底應該如何應對呢？

1 如果因為負面的行為、態度等原因而成為閒話目標，就直接公開承認

就算我們自認踏實安分地做事、用非常和善的語氣說話待人，別人還是有可能做出不同的解讀。即使對方沒有惡意，但要是不了解彼此做事或說話的習

慣，就有可能會產生誤會。例如有人對台語不熟，對方卻在他面前說了一些聽不懂的台語，因此而生氣。如果是因為這樣的狀況而成為被說閒話的對象，乾脆就在公開的場合承認不該在不懂台語的人面前說台語這部分，這時因為直接攤開在大家面前說清楚了，在背後被說閒話的狀況就會消失。

要持續能在大家背後說閒話，前提是公司內部之間要有彼此不知道的祕密，閒話才有機會不斷地擴散出去。如果當事人直接承認，閒話擴散的動能就會消失，這個話題也會因此安靜下來。

當聽到公司裡有人說我們「語氣傲慢」或是「態度沒禮貌」的時候，可以適度地在公開場合對我們比較熟的人說明：「我發現有些人因為我的語氣和態度而覺得不舒服。雖然我父母有好好教育我，但我上大學的時候沒有人管、想怎麼樣就怎麼樣，才養成了不好的習慣。我會努力改正的，短時間內我的語氣和態度還是有可能讓大家覺得不那麼好，也請大家多多包容。」

不過這麼做的前提是，那內容不會在我們承認之後對我們造成太大的傷害，假如平常臉皮沒有一定厚度，也很難使用這個方法。

2 把我們的憤怒情緒貼上名牌、推到一旁

當我們聽到別人說一些沒有根據、沒頭沒尾又難聽的閒話時，心裡就會很

想吐血，腦海中也會想到有某個人在背後興致勃勃地捏造、散播這些謠言，而氣得火冒三丈。不過我們還是要調節心情，因為要繼續在公司混口飯吃，為了我們的精神健康著想，淡定才是上策，從長遠來看也是更好的。

調節的方法很簡單，當我們發現有人在背後對我們議論紛紛時，與其立刻做出反應、或不斷反覆咀嚼這個故事，不如努力觀察我們自己在聽了這個故事之後發生的情緒變化。「嗯，原來我這麼生氣。不過我的憤怒是因為那些虛假的謠言，還是因為散播謠言的人呢？」「為什麼我會覺得是那個人造謠的呢？我平常對他的看法如何？為什麼我還沒有證據知道是誰說的，我就聯想到那個人呢？」試著用這樣的方式在心中推論看看，專注在自己的心理狀態。

把我們的心情一個一個列出來寫下來，然後幫它們貼上名牌，例如「那個人讓我生氣」、「與其生氣不如放棄跟那些人往來吧！」如此整理好情緒也是個不錯的方法。一開始可能會不太順利，所以可以出去散散步、聽些平靜的音樂、或是做些拼裝積木這種簡單又重複的事，都有助於讓我們心情平復。一定要讓最起初的憤怒降溫，才有辦法解讀我們自己的情緒。

3 把自己抽離當下的狀況來思考

對方散布沒有根據的不實謠言，的確讓人很生氣，散播這些閒話的人也很糟糕。不過更重要的是，我們要知道那些話和那些人跟「真正的我」其實一點關係也沒有。他們捏造並到處宣傳那些話，問題是出在他們身上。因為他們感到不安、執著於權力、缺乏自主性才會發生這種狀況，我們並沒有做錯的地方。而且他們嘴巴上說的那些內容也不是「我真實的模樣」。雖然心情會很糟糕，但再想一想就會覺得那些人很可悲。走在路上突然有野狗衝出來咬了我們一口，難道還要跟那隻野狗吵個架，才知道牠聽不懂人話嗎？

狗之所以是狗，就是因為牠本來就是狗。我們沒必要跟野狗撕咬，又不是想狗咬狗。老實說，擅長狗咬狗的人也不太會有人敢說他們的閒話。因為愛說閒話的人通常都害怕強者，他們只敢把單純的人或新來的人掛在嘴邊而已。不過，權力欲望很強的大嘴巴在說閒話的時候，是不會管對方能力強不強的。

4 不管是要跟說閒話的大嘴巴單挑，或是要向主管報告時都要謹慎

首先要知道，在太激動的狀態下跟大嘴巴們單挑是很不利的，而且老實說，正面槓上除了讓自己心裡稍微舒坦一點之外，幾乎沒有什麼好處。我們這邊是自己一個人，對方很有可能已經聚集了好幾個人，如果我們強出頭，反而會刺激他們團結起來。

在戰略上我們可能會想到要一個一個拉攏或收買他們，不過這其實也不是

需要決一死戰的大事，把我們的精力用在這些地方也只是累死自己而已。當然要是一直不做出任何反應，閒話就會無止境地流傳下去，所以當情況嚴重時，為了在適當的時機終止謠言，還是必須要個個擊破，讓散播謠言的主導者完全被孤立，不過這需要耗費很多時間。我想強調的是，至少我們在知道那些謠言的當下要避免因為憤怒而跟他們正面發生衝突。

若決定要向主管或人事部門報告這件事，一定要等到收集完整的證據之後再提出。假如草率地請求協助、或舉發散布謠言的人，只會把事情鬧大，最後變得更難收尾而已。

即使請主管協助，大部分的主管可能也只會說：「我知道了。你們就不要再吵，彼此好好相處吧！」或是「我也聽說過那件事，不過真的不是你平常態度有問題嗎？」聽到這種回答的機率是更大的。

當然如果我們跟主管之間的信任度夠高，或是主管可以很客觀地全盤了解，並根據這個狀況適度調整部門裡的組織的話，就可以直接提出也無妨。只是部門裡要是有這樣的主管，基本上也就不會放任閒話四處流傳了。所以，我們發現有人在背後惡意說閒話、放冷箭時，就表示身為管理者的主管沒有意願、或是沒有能力處理這樣的事情。因此，要是沒有打算收集完整的證據之後將對方一擊斃命的話，一定要謹慎小心。

人事部門的問題比主管更大，一旦提報到人事部門，就表示這件事將會人盡皆知。如果對方真的心懷惡意，就要收集證據、做好萬全準備之後再行動。畢竟主管有主管的規矩、人事部門也有人事部門的規矩。

5 如果要跟對方狗咬狗，就一定要確實地咬死他

假如我們已經忍無可忍、再怎麼收集也找不到證據、或是一直無法確定是哪個人散播謠言的，就只能跟對方狗咬狗了。因為一直忍讓的效果也有限。

我不會勸人一定要避免爭執。只是在這種情況之下，第一步一定是要找到盟友。因為我們無法證實潛伏的敵人是誰，只能大概猜測而已，所以需要在敵人的外圍樹立一個又一個的盟友來包圍他才行。一旦開始行動就要有所覺悟，我們必須做到讓對方公開道歉、或是讓他離開公司的地步。假如只是草率地收尾，就像前面說的一樣，乾脆不要開始還比較好。我們終究是為了做出工作成果來上班的，並不是為了跟別人吵架才來上班的。

大嘴巴同事的應付對策

- ☑ 如果因為負面行為、態度、語氣等成為閒話目標，就直接公開承認
- ☑ 把憤怒情緒貼上名牌、推到一旁
- ☑ 把自己抽離當下的狀況來思考
- ☑ 不管是要跟大嘴巴單挑，或是要向主管報告時都要謹慎小心
- ☑ 如果要跟對方狗咬狗，就一定要確實地咬死他

善良的情緒化同事

特徵

- ☑ 喜歡黏著別人參加聚會，同時想得到認可（但不會刷存在感）
- ☑ 平常非常熱心助人，總是在迎合別人

- ☑ 會因為芝麻綠豆大的瑣事突然改變情緒
- ☑ 有時會突然落淚或大叫等，做出極端反應
- ☑ 跟情緒無關，工作品質往往非常低劣

在職場遇到的神經病故事

宋課長在一間專門從事外包開發企劃案的公司擔任企劃經理。宋課長會選擇這個工作倒不是因為薪水很高、或是工作內容很有趣，而是因為跟創立這間公司的學長個性很合得來，而且參與每個企劃案時都會碰到不同的環境、跟不同的人一起共事，一直有新的刺激，所以宋課長選擇一直待在這間公司，參與過的大企劃案超過三十個，算是這個領域的資深經驗者。

這次合作的客戶是一家

新創的服務企劃公司，裡面企劃部門的曾組長是宋課長從來沒有碰過的「新型奧客」。聽他們公司的其他人說，他們公司裡原本有一位企劃經驗超過十年的專業人員，不過因為約聘到期離職了。他們是一間規模比較小的新創公司，老闆就是最有實力的企劃人，但因為他需要到很多地方拉贊助，所以一個禮拜只會出現在公司一兩次，只來得及確認整體的進度和方向，企劃的執行工作幾乎都是由曾組長包辦的。

曾組長是個善良又天真的人。在一般客戶公司中最可怕的奧客，就是把外包團隊當作自己的奴隸、儘可能地壓榨。曾組長並沒有發生這樣的狀況，她很開朗、配合度高，也很努力協助外包團隊的工作。

然而她的問題在於她對於工作內容一無所知，「組長」這個職稱基本上只是裝飾用的，沒有任何用處。她之前明明就已經參加過五個開發案，卻完全不知道該怎麼製作需求文件，她不清楚每更改一個細部的項目在技術上會出現什麼問題，也不知道什麼狀況需要更改日程、該怎麼修改企劃案，連要怎麼跟公司老闆、執行負責人和設計人員溝通也不懂，只會露出一臉問號的表情。

假如她什麼都不知道，就靜靜地在旁邊觀察的話倒還可以接受。雖然宋課長是外包商，但還是可以直接跟老闆溝通如何把變更需求合併到現有的開發日程裡面。可是曾組長每次都不斷追加附帶條件，想盡辦法阻止老闆和外包商直接溝通，不讓雙方有跳過自己的機會。

結果因為她要求更改的附加條件太多，就算大家在週末加班也絕對滿足不了她的需求，不得不延後日程，最後宋課長向客戶公司的老闆說明了目前進度的狀況，並表示必須要延長工作時程或是要減少條件才有可能完成目標，否則很難繼續執行，請對方老闆在兩個選項當中二擇一。

那天下午宋課長到客戶公司跟老闆短暫會面之後，一走出會議室就看到淚流滿面的曾組長。她什麼話都不說，也不跟任何人對視，只是坐在自己的位子上不停地啜泣。宋課長了解之後才知道，客戶公司的老闆很委婉、溫和地表示他覺得自己直接連絡外包商比較好，結果曾組長就擺出了一副好像被老闆開除的表情，不只那天，她還連續哭了好幾天才停下來。

宋課長一開始不知道曾組長跟老闆之間的對話內容，還以為曾組長被他們老闆痛罵了一頓，所以宋課長還特別從工作時間裡抽空整理資料，要向他們老闆表揚曾組長工作做得很好的地方。曾組長因為這些資料被老闆稱讚之後的隔天，她就一臉十分開朗的表情，又回到了一開始合作的親切模式。

可是，她好像不知道自己的實力還是陷在非常低的谷底，又再次提出一堆荒謬的要求、搞不清楚狀況之下就胡言亂語。如果繼續容忍這樣的情況發生，可能會讓整個企劃案的狀況陷入僵局，所以宋課長又再次拜訪客戶公司，直接跟老闆談妥，直到企劃案結束之前都會由雙方直接溝通。

結果曾組長隔天又露出一副天塌下來的表情，坐在位子上放聲大哭。

我們每個人都經歷過情緒起伏的時候。我們的確不希望自己因為世界上的每件事忽悲忽喜，不過這可能只有遠離俗世的出家人能做到，像我們這種普通人很難在每個當下都把自己的情緒調節到最適當的狀態。也因為這樣，最近有越來越多人選擇直率地表達出情感，有開心的事就開心、有難過的事就難過。

然而在公司這個環境裡，許多人聚在一起工作，彼此的關係相互交錯，如果我們太過直接地表現出情緒，可能會出現不易解決的問題。工作的成果或結束並不會隨著我們的情緒狀態改變，所以在公司組織裡工作的時候，即使碰到辛苦的問題也需要忍耐、碰到開心的事也不需要對身旁的人表現得太過明顯，這樣對於整體上的工作狀態是有幫助的。

當然我們不可能一直把真實情緒隱藏起來，有時候也需要坦率地表達出我們的感受。只是當表現得太過頭時，就無法說這是好的態度。而且，自己經歷劇烈的情緒起伏、還把這些都表達出來的人，就算別人再怎麼理解包容，也很難獲得正面的評價。旁人可能因為必須承受並忍耐這些情緒化的表現而覺得心累。不過更重要的是，當一個人在很多人聚集的地方表現出太過激烈的極端情緒時，那種情緒會帶有強烈的傳染性。這種傳染是指表達出強烈情緒的人會讓其他人也感受到同樣的感覺，也同時包含讓其他人產生反感的負面情緒。

人類身上擁有鏡像神經元，這種神經元會讓我們受到周圍人的情緒影響，毫無原因地讓我們感受到與當事人類似的情緒。剛出生的小孩子，只要看到媽媽笑了，也會跟著一起笑，原因就是在於鏡像神經元。不只微笑或快樂的情緒會傳染，待在憂鬱的人身旁會讓我們變得憂鬱、待在激動的人身旁也會讓我們變得激動[註13]。情緒越強烈，大腦的認知就更明確，也因此我們受到影響的機率也更高。除此之外，人也可能會在強烈情緒的影響下出現其他的負面情緒。看到有人哭的時候可能同樣會感到悲傷，但也有可能會突然覺得煩躁。

在職場上必須要跟同事共度一天中大部分的時間、要交出確實的業績和工作進度、要受到老闆的壓迫或是看同事的臉色，這時鏡像神經元就會發揮更大的影響力。因為這種狀況下，人基本上都處在緊張狀態。

如同前面提到的，我們每個人的情緒都有起起伏伏的時候，不能因為有情緒起伏就怪罪別人或嘲笑別人，做出不合理的行為。然而這種心情的變化也會讓人的行為和態度等外在狀態改變，所以我們經常會跟著身旁同事的情緒、或整個部門的氣氛一起像坐雲霄飛車上上下下，造成許多問題。

若為了調節我們自己被影響的情緒，而對全部門或身旁的同事說：「我的情緒會被你影響，希望你可以克制一點。」對方反而會表現出更劇烈的情緒，最後還得像保母安撫嬰兒一樣安撫他們，讓人不勝其煩。假如不想面臨這種窘境，到底應該怎麼面對這些善良的情緒化同事呢？

先來仔細了解一下善良的情緒化同事們的普遍型態

1 喜歡黏著別人參加各種聚會，同時想得到認可

情緒起伏很劇烈的人通常都十分希望能獲得身旁人們的認可和關心。不過，他們並不會像愛刷存在感的人一樣愛出風頭。在公司裡他們不會刻意表現得很積極，反而比較被動，幾乎都在遠遠的角落，在公開聚會場合上感覺也不怎麼開心。不過只要有聚會，他們一定會參一腳，而且看得出來他們一直期待有人可以了解他、跟他搭話。如果有人平時很照顧他，他就會一直跟在那個人的屁股後面，就像情緒不穩定的青春期小孩一樣，喜歡跟著有領導力的朋友。

2 平常非常熱心助人，總是在迎合別人

善良的情緒化同事會期待身旁的人關心他、愛護他、照顧他，卻不會積極表現出這些需求。所以他們會對周圍的人非常親切，也經常迎合別人。仔細觀察就會發現，他們並不是沒有自己的意見或想法，有時候還會給人很專斷獨行的感覺，只是平常他們都會表現出熱心助人的樣子，儘可能地配合別人。

3 情緒不穩定，也給人一種膚淺的感覺

善良的情緒化同事最讓人印象深刻的就是他們對每件事的理解都很膚淺。就算他們有工作經驗、聲稱自己了解某個領域，但確認後就會發現跟他們的工作經驗比起來，他們知道的工作細節非常少。

即使如此，他們卻主張自己對那項工作懂得很透徹，自己也真的這麼相信著。而且這種相當淺薄的知識、經驗和認知不只會出現在工作上。例如：他會說他有一項這輩子最喜歡的興趣，可是剛開始接觸還不到一個月；他有一個深愛的人，但昨天才開始見面……等等，他對自己生活中的一切表現出來的認知都極為誇大且膚淺，甚至從一般人的立場來看是很難理解的地步。

他們並不是因為別有企圖、或是有任何不可告人的目的才表現出這種態度，事實上他們是打從心底如此相信。只要仔細觀察他們就能明白這一點。

4 會因為一些芝麻綠豆大的瑣事突然改變情緒

碰到善良的情緒化同事時，正常人很難預測、也很難接受他們情緒上的變化。主管在部門會議上對所有職員說：「最近部門的業績比較差，我們一起努力一下吧！」情緒化同事開完會出來之後突然哭著說剛剛自己被主管罵了；或是情緒化同事對隔壁部門的某個職員有好感，當那個職員經過身邊時彼此對到眼，他就會跟旁邊的人說：「他好像對我有意思耶！」然後一整天腳步都輕盈到快要飛起來的程度。其他人看到他們這些行為可能會不自覺脫口而出：「這也太誇張了！」而且他們的情緒就像蹺蹺板一樣忽上忽下。

前面已經說過善良的情緒化同事對於這個世界的認知相當膚淺，其實就連他們情緒起伏的原因也極度瑣碎又表面。

5 有時會突然落淚或大叫等，做出很極端的反應

情緒化同事們情緒起伏的原因很表面，要是他們表現出來的態度稍微緩和一點，旁人還可以忍受一下，但他們在展現情緒時卻十分強烈。要是覺得憂鬱，就會露出一臉世界毀滅的表情並放聲大哭；心情變好的時候，就會獨自哼著歌、甚至連對陌生人都露出天使般的微笑。無論是哪一種狀態，他們情緒上的表達都非常極端，聽到別人念了他一句話就可以失聲痛哭一個小時，而且他們顯露的情緒經常跟喚起這些情緒的最初原因之間看不出任何的關係。

6 跟情緒無關，他的工作品質往往非常低劣

善良的情緒化同事雖然心情會上上下下地宛如洗三溫暖，但是他們還是有毫不改變的一面，那就是他們的工作品質。

為了想從別人身上得到關心，經常在處理跟工作無關的事情，還常被一些

瑣事影響情緒並消耗掉大部分的精力，對各種事情都只有膚淺的了解……如果這樣的人還能正常工作，那才是一件奇怪的事。他們不僅是做出來的工作成果相當糟，從一開始接到任務起，適度地系統化、決定事情優先順序這些方面也是不堪一擊。

當他們接到一份工作時，比起思考應該怎麼執行，他們更重視自己腦中荒謬的想像，像是「主管把這件工作交給我耶！看來他認可了我的工作能力。」或是「主管居然連這件小事也吩咐我，他一定覺得沒有我不行！」等等，花很長的時間沉浸在自己的幻想中遨翔天際，結果沒時間考慮到工作成果、過程中基本的執行方式和企劃也是理所當然的事。

在公司裡資歷比較淺的員工裡，偶爾會出現像這樣的人。除了極重症的情緒化患者之外，一般在累積職場經驗的過程中會逐漸懂得怎麼調節自己的情緒，就算情緒上有任何的變化，也自然而然地會知道應該要減少在其他人面前顯露情緒的頻率。而且因為他們並不是出於某種不良的意圖才表現出情緒起伏的狀態，所以只要遇到好同事或好主管，相對也會在更短的時間內改善有問題的態度，並在公司組織當中取得不錯的成果。無論如何，如果身旁有這種同事，只要是人都一定會覺得在意和不舒服。但即使如此，假如可以給他們溫暖的照顧，他們的情況也會逐漸改善，這點跟其他類型的神經病同事不同。

跟善良的情緒化同事一起共事的時候，用什麼方法可以更有效率地幫助他們呢？

1 跟他說話時只提到絕對的事實，每件事都分開來說

說話時，第一個要小心的就是不要跟他提到除了事實之外的內容。還有不要把那個事實跟其他事情混在一起告訴他，也不要普普通通地告訴他。

例如，當他因為主管一句不經意的話而獨自躲在廁所放聲大哭、哭到整張臉都腫起來的時候，他的憂鬱情緒也會傳染給身旁的其他人，這時就可以單獨針對這件事跟他說：「我知道你聽到主管說了不好聽的話，難免會覺得傷心是很正常的。不過如果你在公司裡放聲大哭，或是上班的時候哭喪著臉，包括我在內的所有同事也都會很難過的。下次如果有類似的狀況，我們可以下班之後一起聊聊，充分紓解你的心情。至於上班時間我們就先專心在工作上好嗎？」

跟他說話時，千萬不要提到「你都一直……」、或是「你每次都……」這種字眼，也注意不要說：「你不要每次一被主管罵，就要哭到全公司的人都知道好嗎？不要再這樣了。」

2 要知道他不是因為別有企圖，才會情緒起伏那麼大

善良的情緒化同事會表現出劇烈的情緒起伏，像小孩子一樣因為一點小事就受傷難過，這時我們需要用更寬容的心來面對他們。當然有些情緒化的人的確是別有目的、或是為了吸引身旁人的注意而故意表現出情緒化的樣子，不過大部分的情緒化同事會這樣只是因為太過「天真」。

他們情緒的成熟度就跟小孩子沒兩樣。一般人從青春期到長大成人為止，都會面對許多失敗、挫折、被拒絕、被別人攻擊等負面經驗。雖然自己的內心會因此受傷難過，但人們也會藉此學習適度調節情緒，並讓這些傷口成為未來發展的基礎。簡單來說就是變得成熟懂事。

然而情緒起起伏伏的人、或是因為小事傷心的人，還沒有走上這個發展的路程，所以他們雖然年齡增長了，卻沒有被訓練到如何調整心態。也因此，當他們一旦碰到從外部而來的負面狀況就會不知所措、情緒急速低落；等他們一離開問題範圍，就會出現反作用而立刻心情變好。他們並不自私或自以為是，只是無法掌管自己的情緒，在調節心情上容易遇到不好克服的困難。當我們這樣想的時候，就會像對待小朋友一樣給他時間和機會，讓他練習調整心態。

當然有人可能會覺得：「我有必要為了一個同事展現出這種寬宏大量嗎？」不過，假如今天等到我們當上主管才碰到這種情緒調節不成熟的員工，

就容易因此感到困惑並在擔任管理者的路上徬徨。我們也不希望公司裡的人提到我們的時候說：「那個部長動不動就弄哭底下的員工耶！」所以當責任還不在我們肩上的時候，也就是跟善良的情緒化同事還是同事、不是我們底下的員工時，就先訓練好我們自己安撫並鼓勵他們的能力吧！

3 確立明確的工作原則，以正面積極且一致的態度面對他

剛剛說過情緒起伏劇烈的人就像小孩子一樣。教小孩的時候，最重要的就是要用正面積極的態度對待他，在原則方面也要有一致性。這麼一來，小孩就會大幅提升在情緒上的安定感[註14]。

善良的情緒化同事很多時候都無法分清楚公事和私事的界線，才會在公司因為被罵就大哭、或是被主管認同就立刻飄飄然。因此首要課題就是要幫他確立清楚又明確的原則，也要告訴他在公司裡哪些行為恰當、哪些行為不恰當。而且當他做出脫軌的行為時，不要攻擊他也不要否定他，而是儘可能帶著正面積極的態度提醒他。如果他一直犯同樣的錯誤，或是我們被他情緒化的問題弄到無可奈何而不得不生氣的時候，也要在原則上維持前後一致。

既然我們下定決心要幫助他改變，就需要給他充分的時間，如此一來他的問題也能更快得到改善。

4 不要跟他一起做出情緒化的反應

最該避免的狀況就是跟他一起變得情緒化。如果已經跟他說了好幾次，他還是一直說哭就哭，而我們就開始對他勃然大怒；或是看到他飄在空中不實際的樣子就對他冷嘲熱諷的話，之前我們為他付出的那些努力都會白費。那倒不如從一開始就冷靜地指出他的問題，或是乾脆放著不要管他。

想要讓他改變到某種程度，最少也需要幾個月的時間，這段期間對他付出時不需要表現出我們的情緒，這樣才能真正幫助他。不過因為他並不是真的小孩子，所以如果幾個月努力下來也無法改善的話，一定要考慮放棄。

情緒化同事的應付對策

- ☑ 把每件事分開，只對他說絕對的事實
- ☑ 要知道他不是因為別有企圖才會情緒起伏大
- ☑ 確立明確的工作原則，以正面積極且一致的態度面對他
- ☑ 不要跟他一起做出情緒化的反應

慢性牢騷大王

負面影響

- ☑ 讓旁人覺得狀況比實際情形還要更糟
- ☑ 削減別人的工作能量與動機
- ☑ 讓人變得敏感並情緒化
- ☑ 阻擋一切新穎、有趣的想法

在職場遇到的神經病故事

事業開發部門的江組長在公司有一個比他大兩屆的學長，姓李，也同樣擔任組長。對江組長來說，李組長是個不錯的人，但也是個很難相處的人。李組長工作能力相當好，頭腦也不差，很快就能掌握狀況；他待人既不冷漠也不嚴厲，對身旁的同事都很親切。不過，李組長最大的問題就是他會不斷地發牢騷抱怨。

江組長跟李組長一起共事還不到半年的時間，但他們每次聚在一起小酌的時候都會聽到李組長說：「這間該死的公司！我一定要辭職。」類似的話江組長已經聽過不下三次了。

有次他們兩個人跟公司董事們一起開會，他們提出的建議沒有獲得營業部門的稱讚，於是李組長就隨口說了一句：「放什麼屁！你們這些無知的混帳煩死人了！」連坐在最前面的董事都聽到了。結果李組長就被事業開發部門的經理叫過去，要求寫悔過書。另外有一次因工作的日程延遲、需要週末到公司加班，李組長一到辦公室就在自己的位子上用非常宏亮的聲音說：「公司只不過是給了一點錢就這樣折磨人，真煩！」最後收到了部長的警告。

李組長發牢騷的對象百分之九十以上都是公司和主管。江組長同樣身為職員，所以聽到李組長抱怨時的確也能感受到類似的心情。可是，李組長不只是一個月抱怨個一兩次就結束了，他可以針對同一件事情反覆又持續地發牢騷到整個部門的人精力都被耗盡的程度。

還有一次，部長外出參加會議，只有部門員工都待在公司加班，準備進行事業開發部門的創意研討會。研討會的目的是為了想出嶄新的事業開發點子，除了加班這點之外，整個部門的人都認為舉行這場研討會是非常理所當然的事。在研討會上從彼此很多天馬行空的想法，聊到自己以後準備創業的內容，因為是開放式的討論，整個過程非常有趣。也就是說，除了「要加班」這點之外，其實完全可以說是有趣的準備工作。

不過李組長從部長外出開會的那瞬間開始，就在自己的位子上不停地痛罵部長、公司和要加班這件事。他一路碎念加抱怨了兩個多小時，課長聽到後來忍無可忍終於勃然大怒，整個部門的氣氛也因為他而變得一團糟。

不久之後，李組長被公司交代要開發出可以一起合作的新供應商，從那天開始他逢人就抱怨：「為什麼這該死的公司要把我逼上絕路！」結果事態越滾越大，部長知道這件事之後立刻表示會由自己負責這項業務，也對李組長說：「如果你要繼續這樣工作的話乾脆就別做了！混帳！」當天下午部門裡的氣氛也變得岌岌可危。

在公司裡有時會遇到直接攻擊我們的人，也有就算不是把我們當作箭靶，卻還是讓我們過得很辛苦、榨乾我們所有精力的同事。後者最常見的類型就是對每件事都滿腹牢騷的人。仔細聽聽他們抱怨的內容，會發現他們說的也並不完全是錯的。

而且他們有自己的邏輯，尤其是抱怨公司或豬頭主管的時候，有些內容也滿讓人贊同的，只要他們發牢騷時克制一點、適度一點就完全不會有問題。不過他們在發牢騷這件事情上不懂得踩煞車，總是超過正常範圍，結果反而讓身旁的同事變得辛苦。我們就一起來了解這種折磨別人的發牢騷類型吧！

牢騷的三大種類

有人可能會心想：「發牢騷就發牢騷，哪有什麼不一樣的？」但其實牢騷也有不同的種類。並不是所有牢騷都會對身旁的人造成困擾，只有特定的牢騷類型才會如此，因此我們現在要來檢視一下不同的種類。假如我們周圍也有總是把牢騷掛嘴邊的人，就可以對照以下三種分類[註15]，看看他屬於哪一種類型。

1 工具型牢騷（Instrumental complaints）

第一種類型就是所謂的「工具型牢騷」，也就是把抱怨當成一種工具來使用的意思。例如有資歷淺的同事每次給的資料都出現重複的數字錯誤，或是主管每次抽完菸又會來一杯咖啡，跟他講話都會聞到很濃的口臭，遇到這類的事情無論是誰都會覺得不滿。這種牢騷是牢騷沒錯，不過這顯然是可以用來解決問題的牢騷。因為製造問題的人很明確、問題的內容也很確實，如果清楚表達出來就可以讓工作成果或工作環境變得更好，所以這類型的不滿是必須的。

只是在傳達不滿時是選擇用讓對方聽了不刺耳的溫和語氣，還是用明確讓對方知道嚴重性的嚴厲語氣，就需要根據不同的狀況調整。總之，這一類型的牢騷是在職場上不可缺少的存在。

2 發洩型牢騷（Venting）

在職場工作久了難免會看到一些荒謬的事、發生讓人煩躁的事、遇到讓人生氣的人，或是面對讓人委屈難受的狀況。最好的情況是我們每次遇到都可以冷靜地處理面對，不過當然也有很難維持冷靜的時候。我們常說會「澆熄滿腔熱血」的牢騷類型就屬於這一種。

碰到不合理的工作指令卻無法頂撞主管時，或是合作對象、顧客對我們做出失禮的行為時，要讓我們的腦袋冷靜下來，某種程度來說就需要這種發洩型牢騷。因為實際遇到這些問題時，適度的牢騷確實會有幫助。如果這個方法也行不通的話，可以試試跟比較要好的同事一起碎嘴，或是暫時到辦公室外面喝杯咖啡、吹吹風。

也就是說，這個類型的牢騷是用來舒緩、冷靜情緒，和一些轉換心情的小訣竅屬於同一等級的方法。只要別不小心讓對方知道、或是讓所有人都知道我們對他生氣，反而對於我們的工作效率是有幫助的，也是一個可以避免我們憋出內傷的好方法。

3 慢性的習慣型牢騷

在三大牢騷類型當中，最容易引發各種問題的非這類牢騷莫屬。因為當事人完全不懂得滿足、也不懂得什麼是快樂，對於世界上的一切看法都非常負面。只要他稍微變得辛苦一點、事情的結果跟他想像的有點不同，或是有人稍稍改變了他做事的程序，他絕對不可能用積極正面的心態接受，只會一直哭喊著自己的難處。

長大成人之後，很多時候我們表現出來的極端反應，例如生氣、悲傷或開心等情緒，都已經在大腦中形成一種自動反應的模式了。也就是說，持續對每件事感到不滿的人，他們的大腦中已經設定了格式化的迴路讓他們自動做出這些反應。有人會覺得：「那就改變他們的大腦迴路，讓他們面對每件事都從消極變得積極不就好了？」然而人的情緒和衝動，正屬於個性中無法輕易改變的那一部分。所以說，用正常人理解的「努力」，是改變不了慢性牢騷這種問題的。

在這種狀況下，也有人會提出疑問：「這種慢性牢騷應該是他個人的問題，並不會因此在同事之間引發什麼問題才對啊！」但實際上，這些慢性牢騷大王們引發的職場災難可是比想像中來的巨大。

我們來了解慢性牢騷大王們是如何引發職場災難的吧！

1 讓身邊的人都覺得狀況比實際情形還要更糟

前面提到，假如身旁有發牢騷的人，他的存在本身就會帶來時間和專注力的浪費。已經養成習慣、持續不斷且反覆發牢騷的同事，他們的牢騷攻擊會讓我們對於自己所在的公司、所屬的部門、以及我們正在執行的工作內容抱持著負面想法。原本我們不覺得主管說的話怎麼了，不覺得公司的方針有什麼奇怪，也不覺得自己的工作跟其他部門有太大的不同，不過當有人在身邊無止境地發牢騷抱怨時，不知不覺也會影響我們看待事情的立場。因此我們也會開始懷疑，究竟是自己把一切想得太單純了，還是那個人充滿批判、否定態度的觀點才是事實。

之前也提到過，人的思考模式會有一定程度的自動化。當旁邊有人一整天都對我們輸入負面立場的消極訊息時，這就會成為我們自動化思考的基礎。一不留神我們也會被傳染成為慢性的牢騷大王。

2 削減別人的工作能量與動機

跟凡事消極的人待在一起，就很難維持活力和熱忱。我們會受到鏡像神經元的影響，距離越靠近就越容易彼此同步，即使想忽略慢性牢騷大王的消極態度，我們也會變得很難專注在工作上，也因此對工作的專注力會下降，低落的專注力也會削減我們對於工作的熱忱。

慢性牢騷大王不只是會影響我們，而是會影響到整個部門，最後全部門的活力都會跟著下降。想必有人也曾經歷過，當身旁的人不斷散發憂鬱、不安情緒或不停發牢騷，連帶地就會讓我們感覺筋疲力盡，什麼都不想做。

3 讓人變得敏感並情緒化

就算他們的牢騷有理有據或是理由充分，聽久了也會讓人厭煩。如果身旁有人對於所有事情都一直提出不滿，漸漸地我們就不會同情或同理那個人，而是會開始發火。當我們想對他吼出：「我知道了！現在你能不能閉嘴了？」這句話的時候，就表示我們也因為對方的慢性牢騷而處於情緒失控的狀態了。

負面情緒是因為對方產生的，而負面情緒一旦生成，無論是以何種方式呈現，都會對我們留下傷害。可能會讓我們變得異常敏感，或是看到不該生氣的事也開始生氣，再不然就是為了要壓抑這種情緒而耗盡所有精力。

原本可以充分維持的平常心，卻因為一個慢性牢騷大王而讓全部門的員工一起變得敏感，連帶工作上的緊張感也隨之升高。如此一來，不只部門中經常出現大大小小的矛盾，也越來越容易發生讓人壓力大的事。

4 阻擋一切新穎、有趣的想法

慢性牢騷大王會持續影響整個部門的氛圍，也會讓正向積極、創新又有趣的想法很難在部門當中立足。不單是指創意的部分，連其他人為了提振部門氣氛而付出的努力也會付諸流水。例如部長為了讓辦公室的空間看起來更有活力而提議買一些盆栽，或更換壁紙的顏色，牢騷大王就會說：「為什麼要做這些沒意義的事情來煩人呢？」一句話就徹底打擊別人的用心。

以前我認識的一個人，他看到同事為了鼓勵部門裡年輕的職員而買了巧克力送給大家，結果居然說：「薪水高的人就可以亂花錢，有錢任性啊！」當部門裡有這樣的人存在時，怎麼還能期待這是一個可以讓人提出建設性想法的地方呢？因此我們才會說，這些慢性的習慣型牢騷不僅是讓他自己，而是會讓所有人的大腦都自動做出負面的反應。

究竟，慢性牢騷大王為什麼會變得這樣呢？

1 擁有被害意識、高攻擊性和投機主義，或是有嚴重自以為是的傾向

慢性牢騷大王基本上第一個想到的都是自己的情緒，自己的立場永遠比別人的想法和周圍環境更重要。

主管交代了某件事之後，慢性牢騷大王先考慮的不會是那件事本身的正面意義，或是對於整個部門有什麼益處等等，即使不是一定會立刻開始發牢騷，他也會覺得自己因此要做更多工作、要承擔更多責任而討厭那件事，最後就會開始發牢騷。這也是由於他們「以自己為中心」的傾向非常強烈。

換個角度來說，即使他以自己為中心，只要不太過敏感、或是一直把自己

的負面情緒表現出來，成為慢性牢騷大王的機率也會大幅降低。所以就結論而言，慢性牢騷大王比別人更容易煩躁、承受度更低，且更容易把他的攻擊性外顯，同時因為他自以為是的傾向，也會讓他完全不考慮周圍的其他人。

2 夢想很多，但缺乏思考的格局和靈活度

有些人雖然不那麼自以為是，但也算是慢性牢騷大王，這類人大多是思考格局比較狹隘、也經常表現出攻擊性的人。他們可以接受的新資訊或新變化並不多，對於新環境的適應能力較差，理解別人想法的能力也弱，所以只要出現了他們預期以外的事，他們就需要發洩。

這麼一來，發牢騷這件事就會成為他們的習慣，慢慢地再成為他們的壞習慣。只要不是自己很了解、很熟悉、一直進行的事，所有狀況對他們來說都會成為壓力來源。他們會用自己的方式面對（也就是發牢騷），但他們的適應過程會讓周圍看到的人相當不愉快，這才是問題所在。

3 自我意識和自尊心都很薄弱

人如果想要冷靜、淡定地接受新事物、意料之外的狀況或發展，就必須保持自己的穩定性，也需要更全面的自信。這樣在面臨新資訊或新環境時才不會

出現大問題。然而自我意識薄弱的人，他們認為無法預測的狀況就等於危機。前面提到過，一個人如果缺乏柔軟度和靈活度，面對意外的反應主要都是「煩躁」；自我意識薄弱的人主要反應則是「不安和恐懼」。當不安和恐懼湧現的時候，為了解開這樣的心情他們就會開始發牢騷。

無論是出於何種原因開始發牢騷，這些行為都非常容易會成為一種習慣。很多人是由於缺乏自我意識而發牢騷，即使因為這點不斷被責備而想忍住並改掉這個壞習慣，但過不了多久又會開始發牢騷，然後不斷重複循環。習慣就是這麼可怕。

現在，讓我們來看看應該要如何應對這些慢性牢騷大王？

1 如果我們需要平息怒火，就不要提出建議或分析，用簡短話語句點他之後就回到工作上吧！

待在慢性牢騷大王身邊會浪費很多時間，一個不小心那個人的嘮叨就會占據了我們所有的休息時間，甚至連工作時間也讓我們無法專心工作。

首先他們會無條件開始發牢騷，無論我們怎麼做也無法阻止他們。就算對他說：「你又來了！」也改變不了他們。即使想幫他分析而問他：「你這麼討厭部長說的話嗎？」或是建議他：「我知道你對部長很火大，不過我們先把工作完成好嗎？」這些都沒有效。直到他們像壓力鍋一樣把裡面的氣都發洩完之前，是阻止不了他們的。

這時建議先稍微配合他們一下，不過聽他們抱怨一到兩分鐘之後就要跟他說：「不過，我現在要處理工作，我們之後再聊喔！」用工作當藉口把他的話打斷吧！即使他想要繼續發牢騷，也一定要用「我先把工作完成再聊喔！」阻止他才行。因為我們熱心地聽完他所有抱怨，他也不會感謝，我們還會因為長時間聽了這些負面的話而變得心情不好。

2 試著改變他的觀點

這裡指的就是所謂的「框架」，面對同一件事情，我們其實可以用不同的角度看待事情。一般來說，慢性牢騷大王大多對於事情或人有固定的看法，我們可以向他說明如何嘗試用其他的角度來看待，尤其是他對主管感到不滿時，讓他試著站在主管的立場進行換位思考會很有幫助。

只是一個不小心很可能讓我們自己淪為老頭類型的人，而且如果對方壓根不想接受跟自己不一樣的想法的話，這個方法就完全幫不上忙，這招只有在對方對我們有一定程度的信任時才會有效。

3 不要提到他消極的態度，而是向他傳達我們的情緒

要是對已經很煩躁而且正在抱怨的人說：「是你的態度有問題吧！」這種話只會讓彼此直接吵起來而已。特別是對方若內心世界比較狹窄、自我意識薄弱，加上思考的靈活度很低的話就更是如此。但也不能因為這樣就繼續放任他一直抱怨下去吧！我們自己也要工作，而且也不應該把我們寶貴的精力浪費在那些事情上。

這時能夠幫上忙的表達方法就是用「我」這個字作為開頭，坦率地傳達我們的情緒。「我一直聽你說到後來，我的心情好像也變得有點負面，有點累。」或是「我最近要把這個案子收尾，真的很忙。我們之後再聊聊好嗎？」用這種方式跟他說話。如果清楚表達到這種程度的話，大部分的人都會說：「喔！真不好意思。好啊，我們之後再聊吧！」並結束話題。

坦白地表達出我們的情緒既不會讓情況變糟，又可以適時地擋住他的嘴，是比想像中還要有效的方法之一。

4 不要對他說：「你想法正面一點！」而是問他：「所以你覺得怎麼做比較好呢？」

我們對於慢性牢騷大王最常見的應答就是「你想法正面一點！」而且我們很清楚說完這句話的結果：什麼用都沒有。但又不能因此就無情地劃清界線。當我們想給對方一些建議時，可以說：「所以你覺得怎麼做比較好呢？」用這種方式回問他反而更有幫助。

牢騷本身無法幫忙分析狀況、也沒辦法想出對策，但是藉由詢問他的想法，即使他持續抱怨，最後也會開始思考解決方案。雖然無法一次成功，不過假如問問他的意見，他也會認為工作並不是「單純讓人討厭又煩躁的事」，而是會思考「應該解決什麼」。在有空閒的時候，如果對慢性牢騷大王有感情而想要稍微勸導他的話，試著問他解決方法可以大幅改善狀況。

慢性牢騷大王的應付對策

☑ 如果我們需要平息怒火，就不要提出建議或分析，用簡短話語句點他就回去工作吧！

☑ 試著改變他的觀點也會有幫助

☑ 不要提到他消極的態度，而是向他傳達我們的情緒

☑ 不要對他說：「你想法正面一點！」而是問他：「所以你覺得怎麼做比較好呢？」

結語

只要知道對方是哪一型的人就能解套

我們有時會想像，假如這個世界上都只有善良的人就會變得幸福，然而就算是善良的人之間也會產生矛盾。又或者有時會想像，世界上都是爽快一點的人會更好，但爽快的人之間也會有意見衝突、彼此爭吵的時候。這就是這個世界的道理。經歷戀愛過程後結婚的情侶，也經常會因為一個不算錯誤的小摩擦而起爭執，甚至吵架而離婚。連家庭婚姻都這樣了，更何況是職場呢？

在公司裡首要講求的就是業績目標，同事之間完全沒有其他方面的共識，還要彼此配合完成工作，就算辦公室裡都只有好人，也很難避免發生摩擦。當然，如果只是這種程度的摩擦還算是可以忍受的範圍。但是當牽扯到像是業績分紅或是升遷機會的競爭問題時，可能會產生很激烈的摩擦。不過好人之間大部分的矛盾都在於工作的執行方式或職涯的未來發展上，並不會對當事人的心理狀態造成太大的傷害。

然而我們生活的社會裡並不是只有好人，尤其當公司內部必須為了升遷機會、業績分紅或主管的認可等方面彼此競爭時，就更容易碰到奇怪的人。而其中也一定會有異常程度特別嚴重的人。

我們經常對身旁的人說「公司裡有個神經病」。如果這樣說說就可以解決問題是再好不過了，但要是這麼輕易就可以解決問題的話，就不會幫這些不是病人的主管或同事取個「神經病」的綽號了。他們的狀態顯然還沒有到達需要接受治療的程度，而且他們也沒有做出什麼違反法律的行為，然而跟他們一起共事的人都會從他們身上感受到難以承受的痛苦。

我們前面提到了各種「職場神經病」會以什麼樣的型態呈現，以及針對各個類型的神經病有哪些適合的對策。可惜的是，這些應對策略也不能說是絕對完美的解決方案。

當然，本書裡提供的應對方法儘可能從各個不同的角度做了充分的檢視和確認，然而每個公司的狀況不同，或是一個問題人物同時表現出不同類型症狀的情況也屢見不鮮，也可能同一間辦公室裡就充斥著好幾種不同的神經病，或我們的心理狀態正處於無法冷靜、正確選擇處理方法的時候，各種情況都有機會發生。因此我們也擔心將這些問題人物做分類，並進一步提供各類型的解決方案，是不是反而會造成讀者的混淆。

因此在本書的結尾，試圖整理出在任何情況下普遍都能適用的方法，以減少我們心裡受到創傷的機會。因為談的是人與人之間的關係，所以沒辦法說這是最好的建議，不過希望這些方法能讓那些被問題人物困擾而一直承受痛苦的人多少獲得幫助。

發生衝突時，請讓我們的心跟問題本身保持距離五分鐘

當我們與人之間發生嚴重的衝突時，或是突然因為職場裡的神經病發生一些意外時，我們很容易變得過於激動或情緒化。這時如果我們陷入情緒裡，就連原本可以解決的事也會變得無法解決，問題會變得更為複雜、棘手。

個性上有嚴重問題的人，他們的本能之一就是懂得如何抓住對方情緒的弱點。因此我們被攻擊時真的很難維持平靜的心態。可是我們也不能因為這樣就跟對方一樣感情用事，這反而會讓我們淪為跟問題人物同樣水準的人。非但無法解決問題，旁人對我們的評價也會一落千丈，更重要的是過一段時間之後，我們自己也會感到羞愧、後悔，並自問：「當時我幹嘛要這麼激動呢？」

因此一旦出現問題，首先該做的就是跟那個問題保持一定的心理距離，如果不知道應該要保持距離多久，可以先從五分鐘開始，讓自己的心有平靜下來的時間。然後再接著一一分析狀況、思考解決對策就可以了。假如覺得五分鐘太久，哪怕一分鐘也沒關係，慢慢地深呼吸、在腦中數數並靜下心來吧！這短短的時間可以幫助我們擺脫職場生活帶來的惡夢。

我們情緒的主人是我們自己

當我們因為這些職場神經病而面臨非常荒謬或讓人心情不好的事，心裡就會不由自主地產生對方企圖激發我們的情緒，像是覺得驚慌或憤怒等等。因為這些情緒十分強烈，所以我們所有的心神很容易在瞬間就被這些負面情緒帶走。要是讓情況發展到這個地步，我們就不再是我們情緒的主人，而是拱手把主導權交給那些神經病了。因為這些驚慌或憤怒並不在我們原先計畫之中，是對方的態度決定了我們的情緒。

假如人可以做到無論外部環境如何變化或別人如何作為，都能夠完全不受影響、保持內心平靜的話，可能就得道升天了。不過，不讓情緒變得激烈並表現出來，或是不讓我們自我攻擊，這些是身為一般人的我們也可以做到的。必須這麼做，我們的內心才不會因為那些人的攻擊而受到更多傷害，也才能脫身。應對他們不正當的攻擊是很重要沒錯，然而更重要的是要優先顧及我們自己的內心狀態。若想做到這點，就需要注意別讓他人製造出來的情緒支配我們。

試著把痛苦重新詮釋成積極正向的職涯故事吧

雖然我們希望可以戰勝那些職場神經病，不過很多時候並不如我們想的那麼順利。這種時候我們也許就會不得不選擇離職。當我們因為那些人感到辛苦，無法解除我們情緒疙瘩的狀況下而必須離職時，我們經常犯一個錯誤，就是：因為那個問題或因為那個人而否定了我們這段時間以來在公司付出的寶貴時間和心力。由於結果並不美好，要以積極正向的角度看待並不是那麼容易，尤其是面臨巨大的危機時，我們甚至會希望這件事能從我們的工作經歷中刪除。但這樣的話，我們簡直就是被職場神經病玩弄在股掌之上。

即使在情感上發生了衝突，但以工作角度來看的話，我們的確學到了一些東西、也嘗試了一些事情，並了解了新的事物。甚至是在對抗職場神經病的時候還有陪我們一起奮戰的同事。結尾越是消極，我們越需要儘可能地重新詮釋這段職涯的過程。當然並不是要大家捏造出不曾發生過的事或是寫小說，重要的是，不要忘記在那辛苦的狀況下我們也依然堅持學習、成長並成就了我們的工作。當我們再次遇到困難時，這份記憶可以讓我們有力量堅持下去，也可以鼓起勇氣向前邁進。

與其說：「因為那個人，一切都毀了。」並否定了我們付出的寶貴時間，不如說：「雖然公司裡的那個人讓我覺得很煩，但我在這裡還是有所得的。」帶著這樣的記憶會幫助我們在未來的職涯當中變得更輕鬆。

在一邊閱讀前面的文章時，我們也考量到可能會有讀者感到不適，覺得我們是用自己的方式隨意判斷別人，而沒有進一步探討對方的意圖、內心的想法或真實的自我就做出結論。我們也不認為用這種方式在短時間內就對人下負面結論或進行分類是最好的方法。當然，如果能充分理解對方、努力了解並掌握那個人的真實樣貌，是更好的處理方式。

然而，我們與公司主管、同事之間的人際關係，夾雜著太多巨大的障礙，像是業績、公司目標等等，因此我們很難長時間觀察對方並在充分了解他之後再做結論，這種方法也不是最好的選擇。加上要在無數的複雜關係與工作中挪出時間徹底了解對方，反而會耗盡我們的精力，讓我們無法保持適當的距離做出冷靜的判斷，更容易得到負面又消極的結果。

因此，本書並不是針對引起問題的人的內心企圖或想法詳加說明，而是針對他們表現在外的「行動」和「態度」進行判斷，並思考出適當的應對方案。與其判斷讓我們感到痛苦的人是什麼樣的人，不如找出對方讓我們感到痛苦的行為和態度，並對此想出解決方法，這也比直接討厭對方或投注大量時間觀察並了解他還要簡單並明智。

希望我們提供的資訊，能為所有在複雜環境中工作的人、在暗潮洶湧的辦公室裡求生存的上班族帶來些許幫助，並保護大家不再因別人的攻擊而受傷。

註釋・參考資料

1 news.v.daum.net/v/20190730112538026

2 news.v.daum.net/v/20190724050238312

3 adaa.org/about-adaa/press-room/facts-statistics

4 www.psychologytoday.com/us/blog/the-superhuman-mind/201611/5-signs-youre-dealing-passive-aggressive-person

5 McLeod, S. A. (2012). Attribution theory. Retrieved from www.simplypsychology.org/attribution-theory.html

6 《The Truth About Trust: How It Determines Success in Life, Love, Learning, and More》, David DeSteno, Plume; Reprint, 2015.

7 "Playing favorites" www.wsj.com/articles/SB1000142405311190400930457653235252202 9520

8 《The Set up to fail syndrome》, Jean Francois Manzoni, Jean Louis Barsoux , March-April edition, Harvard Business Review, 1998. hbr.org/1998/03/the-set-up-to-fail-syndrome

9 www.businessinsider.com/ben-franklin-effect-2016-12

10 Mentalization Based Treatment, Jon G. Allen, Peter Fonagy, John Wiley & Sons, Ltd,2006.

11 www.psychologytoday.com/us/blog/the-workaholics/201112/understanding-the-dynamics-workaholism

12 Why People Gossip: An Empirical Analysis of Social Motives, Antecedents, and Consequences, Bianca Beersma, Gerben A. Van Kleef, November 2012, Journal of Applied Social Psychology

13 www.ncbi.nlm.nih.gov/pmc/articles/PMC2865077/

14 www.ncbi.nlm.nih.gov/pmc/articles/PMC5519304/

15 Alicke, M., Braun, J., Glor, J., Klotz, M., Magee, J., Sederholm, H. & Siegel, R. (1992). Complaining behavior in social interaction. Personality and Social Psychology Bulletin,18, 286-295.

Kowalski, R. M. (1996). Complaints and complaining: Functions, antecedents, and consequences. Psychological Bulletin, 119(2), 179-196.

Kowalski, R. M., Allison, B., Giumetti, G.W., Turner, J., Whittaker, E., Frazee, L. & Stephens, J. (2014). Pet Peeves and Happiness: How Do Happy People Complain? Journal of Social Psychology, 154.

Wojciszke, B., Baryla, W., Szymkow-Sudziarska, A., Parzuchowski, M. & Kowalczyk, K. (2009). Saying is experiencing: Affective consequences of complaining and affirming. Polish Psychology Bulletin, 40, 74-84.

職場力 UP UP· 好書推薦

作者｜朴鎭漢等九人　譯者｜葛瑞絲
定價｜380元

這樣帶人，解決90%主管煩惱

8大職場面向×47種情境難題，培養管理者領導力，創造高效互信團隊的實戰指南！

★韓國YES24讀者滿分好評★
跨界CrossOver創辦人少女凱倫、筆記女王Ada（林珮玲）———推薦給所有茫然又鬱悶的菜鳥主管們！
第一本集合九位精通「領導力」開發與培訓的專家，為總是孤軍奮戰「解決下屬麻煩、提升團隊績效、面對老闆壓力」的你，寫下身為「新時代團隊領導人」真正需要的工作指引！

作者｜澤渡海音　譯者｜方吉君
定價｜299元

每天準時下班的超強工作術

日本效率專家帶著你突破常見十大工作難題，從此不拖延、零迷失、零挫折

永無止境的加班，究竟是「企業文化」，還是你自己的「職業心病」使然？
日本資深職場問題改善專家——澤渡海音，透過剖析「人性習慣」挖掘「問題根源」，全面拆解「被同事陰著來、被工作追著跑」的十大原因，提供你「按照計畫、適時調整、交流建議」的準時收工招式。成功突破盲腸、掙脫「事情永遠做不完」的泥沼，從此擺脫「待在公司回不了家」的宿命！

作者｜Nikkei Business　譯者｜李青芬
定價｜450元

最強行業

創業投資×經營管理×生產開發，贏家必讀！未來10年改變世界的100家企業之創新技術與服務

本書帶你站在最前線，一窺16大產業領域100家最強企業的全貌，從產業核心價值、經營策略行動、科技應用方式、到創新服務的優勢所在，讓你快速掌握變動世界中的「不敗」關鍵。無論是尋求「入對行」的上班族、想成功創業的經營者、還是希望「穩賺不賠」的投資人，這本書，絕對是你不能不看的未來生存作戰指南！

作者｜宋熹昶　譯者｜葛瑞絲
定價｜450元

3年賺千萬的技術

有錢人教你「通往財富自由的關鍵原理與實踐方法」，高效累積被動收入，翻轉薪貧人生！

38萬網友一致推崇，高喊：「暴富有理，致富無國界，我也想要變有錢」！
一上市即攻佔韓國各大書店暢銷榜冠軍！出版11個月銷量突破60刷！從三級貧戶到百億富翁，教出25位理財暢銷書作家的韓國「致富推手」現身說法，首度公開「從零開始的錢滾錢實戰守則」！

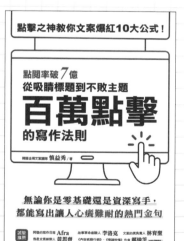

作者｜中澤良直　譯者｜胡汶廷
定價｜399元

如何在FB、YouTube、IG做出爆紅影片

會用手機就會做！
日本廣告大獎得主教你從企劃、
製作到網路宣傳的最強攻略

你知道現在是「社群媒體」的時代，但長期經營的FB、YouTube頻道、IG總是沒人看？影片行銷，是現在「最便宜」且「最具威力」的行銷工具！
日本資深廣告總監首度公開，快速啟動「顧客購買慾」的影片製作技巧，零基礎也能做出「引導馬上下單」的行銷短片。不需要專業團隊、不用懂攝影器材、不必學行銷知識，只要手中有智慧型手機，你也做得到！

作者｜贊贊小屋　定價｜420元

人人都學得會的App Inventor 2初學入門【附APP專案範例檔】

17個專案實戰演練，
從娛樂學習到生活應用，
自學APP設計一本搞定！

大AI時代，賈伯斯、比爾・蓋茲、馬克・祖克伯都主張：「每個人都該具備程式設計的能力！」
自學APP設計不求人！零基礎也學得會！本書一步一步教你怎麼做！從認識App Inventor 2介面到學會透過App匯入與匯出雲端資料，搭配17個基礎到進階專案練習，讓你神速開發出你的第一個手機App ！

台灣廣廈 國際出版集團
Taiwan Mansion International Group

國家圖書館出版品預行編目（CIP）資料

對付職場神經病的社畜生存指南：看穿難搞主管&戲精同事的行為,提供69條心理&行動對策,打造百毒不侵的職場機智生活！/ 職涯導航網Pathfindernet著. -- 初版. -- 新北市：財經傳訊出版社, 2022.06
面； 公分
ISBN 978-626-95829-6-9(平裝)

1.CST: 職場成功法

494.35 111005588

財經傳訊
TIME & MONEY

對付職場神經病的社畜生存指南

看穿難搞主管&戲精同事的行為，提供69條心理&行動對策，打造百毒不侵的職場機智生活！

作　　者／職涯導航網Pathfindernet
李福淵、姜在相、金賢美
譯　　者／彭翊鈞
編輯中心編輯長／張秀環・**編輯**／許秀妃
封面設計／林珈仔・**內頁設計**／張家綺
內頁排版／菩薩蠻數位文化有限公司
製版・印刷・裝訂／東豪・弼聖・靖和・秉成

行企研發中心總監／陳冠蒨
媒體公關組／陳柔彣
綜合業務組／何欣穎
線上學習中心總監／陳冠蒨
產品企製組／黃雅鈴

發 行 人／江媛珍
法 律 顧 問／第一國際法律事務所 余淑杏律師・北辰著作權事務所 蕭雄淋律師
出　　版／財經傳訊
發　　行／台灣廣廈有聲圖書有限公司
地址：新北市235中和區中山路二段359巷7號2樓
電話：（886）2-2225-5777・傳真：（886）2-2225-8052

代理印務・全球總經銷／知遠文化事業有限公司
地址：新北市222深坑區北深路三段155巷25號5樓
電話：（886）2-2664-8800・傳真：（886）2-2664-8801
郵 政 劃 撥／劃撥帳號：18836722
劃撥戶名：知遠文化事業有限公司（※單次購書金額未達1000元，請另付70元郵資。）

■出版日期：2022年06月
ISBN：978-626-95829-6-9